MANUEL D'ARITHMÉTIQUE

ANCIENNE ET DÉCIMALE,

A l'usage des Pensions et de la Jeunesse qui se destine au Commerce,

CONTENANT:

Des Tables de Comparaison des Poids et Mesures;
Le Tableau de la Dépréciation du Papier-Monnoie; de la Concordance des Calendriers Républicain et Grégorien, depuis 1793 jusques et compris l'an 22;
Des Modèles de Pétitions, Quittances, Baux, Mémoires, Factures, Lettres de Voiture, de Billets à Ordre, Lettres de Change, Lettres de Commerce, etc.

TROISIÈME ÉDITION.

A PARIS,
Chez ANGELLE, Libraire, rue de la Harpe, n.° 44.

1809.

Et se trouve chez les Libraires ci-après.

ANCELLE, à Evreux.
ANCELLE, à Anvers.
DEMAT, à Bruxelles.
MERCIÉ, Passage de la Comédie, à Lyon.
FROUT, à Rennes.
LANDRIOT, } à Clermont.
ROUSSET, }
VALLÉE frères, à Rouen.
PREVOST, à Melun.
MAME, à Tours.
DOYEN, à Reims.
BAUDIN aîné, à Nantes.
HUREZ, à Cambray.
PIC, } à Turin.
GIRAUD, }
KLOSTERMANN, à Saint-Pétersbourg.
KORN, à Breslau.

MANUEL
D'ARITHMÉTIQUE
ANCIENNE ET DÉCIMALE.

Deux Exemplaires ont été déposés à la Bibliothèque Impériale.

MANUEL D'ARITHMÉTIQUE.

DE L'ARITHMÉTIQUE ANCIENNE EN GÉNÉRAL.

DÉFINITION DE L'ARITHMÉTIQUE.

L'ARITHMÉTIQUE est la science des nombres.

Un nombre exprime de combien d'unités une quantité est composée.

On appelle, en général, quantité, tout ce qui est susceptible d'être augmenté ou diminué ; tels sont les poids, le temps, les forces, etc.

L'unité est une quantité d'une grandeur arbitraire, que l'on prend pour servir de terme de comparaison à toutes celles qui sont de même espèce.

Ainsi, si l'on dit vingt-six pieds, le pied est ici l'unité ; vingt-six est le nombre qui exprime de combien d'unités la quantité vingt-six pieds est composée.

On distingue, en général, deux espèces de nombres, les nombres abstraits et les nombres concrets.

On appelle nombre abstrait, celui qui n'indique pas l'espèce d'unités dont la quantité est composée : quarante-trois, quatre-vingt-sept, etc., sont des nombres abstraits.

Le nombre concret est celui qui exprime la nature des unités dont on veut parler : vingt-trois pieds, quarante-six-hommes, etc., sont des nombres concrets.

On distingue encore les nombres en nombres entiers et en nombres fractionnaires, selon que la quantité dont ils expriment la grandeur, est composée d'unités entières, ou d'unités entières et de parties d'unités, ou seulement de parties d'unités : vingt-trois, quarante-sept, sont des nombres entiers : sept et demi, trois quarts, sont des nombres fractionnaires.

De la Numération.

Tous les hommes ont une idée distincte de l'unité ; la vue d'un objet quelconque suffit pour faire naître cette idée.

Celle de la pluralité n'est pas moins facile à acquérir ; il suffit de voir deux ou plusieurs objets qui se ressemblent.

Mais toute pluralité étant le résultat des unités particulières qui concourent à la former, on dut bientôt sentir la nécessité d'imaginer un moyen sûr de distinguer telle ou telle pluralité d'une autre.

Trois hommes, quatre hommes, par exemple, ne pouvoient pas être désignés de la même manière ; il paroissoit donc indispensable d'avoir recours à autant de signes différens qu'il pouvoit y avoir de nombres.

Cependant la moindre réflexion dut faire prévoir l'inconvénient qu'auroit entraîné cette multitude innombrable de signes ; on renonça donc à ce moyen, et par un procédé aussi simple qu'ingénieux, on vint à bout d'exprimer toute espèce de nombre par la simple combinaison de ces dix caractères que l'on appelle chiffres, et qui s'expriment par :

0	1	2	3	4	5
zéro,	un,	deux,	trois,	quatre,	cinq,
6	7	8	9.		
six,	sept,	huit,	neuf.		

Pour écrire tous les nombres depuis un jusqu'à neuf, il suffit d'écrire les caractères qui les représentent ; mais si l'on vouloit écrire douze, quinze, cent, mille, etc., il faudroit multiplier les caractères à l'infini ; ce qui seroit impraticable. Pour obvier à cet inconvénient, on est convenu que tout chiffre placé à la droite d'un autre, rendroit celui-ci dix fois plus fort ; que deux chiffres placés à la droite, le rendroient cent fois plus fort ; trois, mille fois, etc. Telle est la base du systême de numération, au moyen de laquelle on peut écrire et exprimer tous les nombres. Ainsi, pour écrire dix ou une unité de dizaine, on écrira le chiffre 1, à la droite duquel on mettra un 0, (10), qui, n'ayant point de valeur par lui même, ne sert qu'à exprimer que c'est une unité de dizaine que le chiffre 1 représente. Pour écrire vingt, trente, quarante, soixante, qui sont la même chose que deux dizaines, trois dizaines, quatre dizaines, six dizaines, on écrira les chiffres 2, 3, 4, 6, etc., à la droite desquels on mettra un zéro, comme on le voit ici, 20, 30, 40, 60, etc., pour exprimer que ce sont des dizaines qu'ils représentent.

La même chose aura lieu jusqu'à 90 ; mais si l'on veut écrire cent, qui est la même chose que dix dizaines, on écrira d'abord 10, comme nous venons de le faire ; et, pour exprimer que ce sont des dizaines, on mettra un zéro à sa droite, comme on le voit ici, 100 ; c'est ce qu'on appelle une unité de centaines. Deux cents, trois cents, mille, six mille, s'écrivent ainsi : 200, 300, 1000, 6000, etc. Telle est la manière dont on représente tous les nombres qui contiennent un nombre exact de dizaines, de centaines ou de mille ; mais si l'on vouloit écrire un nombre qui renfermât en outre des unités simples, telles que vingt-trois, par exemple, ce qui est la même chose que deux dizaines plus trois, il faudroit remplacer le zéro que nous avons mis ci-dessus à la droite du 2, lorsque nous avons écrit deux dizaines, par le chiffre 3, qui, en rendant par sa position 2 dix fois plus fort, compteroit en outre pour sa valeur propre. Ainsi, vingt-trois, trente-sept, quarante-deux, s'écriront par : 23, 37, 42. Si l'on avoit à écrire quatre cent vingt-sept, qui contient des centaines, des dizaines et des unités, je dirois : quatre cent vingt-sept est la même chose que quatre centaines, plus deux dizaines, plus sept unités, ou, ce qui est la même chose, quarante-deux dizaines, plus sept unités; j'écris donc 42, comme nous l'avons dit ci-dessus, à la droite duquel je place le chiffre 7, qui, en exprimant que ce sont quarante-deux dizaines, compte encore pour sa valeur. Ce que nous venons de dire suffit pour faire voir avec quelle facilité on peut écrire tous les nombres, par la simple combinaison des dix caractères dont nous avons parlé.

On représente comme il suit les plus grands ainsi que les plus petits nombres avec ces dix figures que l'on appelle chiffres.

Exemple.

Le nombre dix se représente par. . 10.
Le nombre onze, par . . . . 11.
Le nombre douze, par. . . . . . . 12.
Le nombre treize, par. . . . . . . 13.
Le nombre quatorze, par . . . . . 14.
Ainsi de suite jusqu'à . . . . 19.
Le nombre vingt, par. . . . . . . 20.
Le nombre vingt-un, par . . . . . 21.
Le nombre vingt-deux, par . . . . 22.
Le nombre vingt-trois, par. . . . 23.
Ainsi de suite jusqu'à . . . . 29.

Le nombre trente, par. . . . . . 30.
Le nombre trente-un, par . . . . 31.
Ainsi de suite jusqu'à . . . . . . 40.
Le nombre quarante-un, par. . . 41.
Le nombre quarante-deux, par. . 42.
Ainsi de suite jusqu'à . . . . . . 50.

A chaque dizaine, le premier chiffre de gauche augmente d'une unité jusqu'à. . . . . 99.
Le nombre cent, par. . . . . . . 100.
Le nombre cent un, par . . . . 101.
Ainsi de suite jusqu'à. . . . . . 109.
Le nombre cent dix, par . . . . 110.
Ainsi de suite jusqu'à. . . . . . 119.
Le nombre cent vingt, par . . . 120.
Et ainsi de suite des autres.

On peut apercevoir la combinaison des chiffres dans le tableau suivant.

Exemple.

Unité	1.	Progression décuple croissante.
Dix	10.	
Cent.	100.	
Mille	1000.	
Dix mille	10000.	
Cent mille	100000.	
Million.	1000000.	
Dix millions . . .	10000000.	

Cela est fondé sur un principe de convention entre les calculateurs ; et voici le développement de ce principe.

Un chiffre quelconque, allant de droite à gauche, acquiert une valeur décuple, ou dix fois plus grande, de place en place.

Ainsi un chiffre allant de gauche à droite, devient de place en place dix fois plus petit, partant de la colonne des unités désignée par les zéros écrits les uns sous les autres et séparés par des virgules; d'après ce raisonnement, il est clair que 0,1 est un dixième, ainsi de suite.

Exemple.

Progression décu-ple décroissante.		
	1	Unité.
	0,1.	Dixième.
	0,01. . . .	Centième.
	0,001. . . .	Millième.
	0,0001. . .	Dix millième.
	0,00001. . .	Cent millième.
	0,000001. .	Millionième.
	0,0000001. .	Dix millionième.
	0,00000001 .	Cent millionième.

Ce tableau peut être regardé comme le complément du premier et placé à côté, afin d'en faire connoître la différence, comme on va le voir.

Rapport des deux progressions.

Unité..........	1	Unité.
Dix............	10,01......	Dixième.
Cent..........	100,001......	Centième.
Mille........	1000,0001......	Millième.
Dix mille...	10000,00001....	Dix millième.
Cent mille.	100000,000001...	Cent milliè.[e]
Million..	1000000,0000001..	Millionième.
Dix mill.	10000000,00000001.	Dix million.[e]

Croissante. | Décroissante.

Des différentes espèces de chiffres.

Il y a deux espèces de chiffres ; savoir : les romains, les arabes ou financiers, comme on le verra dans les exemples suivans.

Exemple de chiffres romains.

I.	Un.
II.	Deux.
III.	Trois.
IV.	Quatre.
V.	Cinq.
VI.	Six.
VII.	Sept.
VIII.	Huit.
IX.	Neuf.
X.	Dix.
XI.	Onze.
XX.	Vingt.

XXX.	Trente.
XL.	Quarante.
L.	Cinquante.
LX.	Soixante.
LXX.	Soixante-dix.
LXXX.	Quatre-vingt.
XC.	Quatre-vingt-dix.
C.	Cent.
CC.	Deux cents.
CCC.	Trois cents.
CCCC.	Quatre cents.
D.	Cinq cents.
DC.	Six cents.
DCC.	Sept cents.
M.	Mille.
XM.	Dix mille.
XXM.	Vingt mille.
CM.	Cent mille.
DM.	Cinq cent mille.

Exemple de chiffres arabes ou financiers.

1.	Un.
2.	Deux.
3.	Trois.
4.	Quatre.
5.	Cinq.
6.	Six.
7.	Sept.

8.	Huit.
9.	Neuf.
10.	Dix.
20.	Vingt.
30.	Trente.
40.	Quarante.
50.	Cinquante.
60.	Soixante.
70.	Soixante-dix.
80.	Quatre-vingt.
90.	Quatre-vingt-dix.
100.	Cent.

Manière de nombrer les chiffres.

Nombre.	1.
Dizaine.	10.
Centaine.	100.
Mille.	1,000.
Dizaine de mille	10,000.
Centaine de mille. . . .	100,000.
Million.	1,000,000.
Dizaine de million . . .	10,000,000.
Centaine de million. . .	100,000,000.

Remarque. Il faut, pour lire un nombre avec facilité, le séparer par une virgule en tranches de trois chiffres, en allant de droit à gauche ; la première contiendra les unités, la seconde les mille, la troisième les millions, la quatrième les billions, la cinquième les trillons, etc. Ainsi l'on dira dans l'exemple suivant :

Trillons,	billions,	millions,	mille,	unités.
2,	343,	427,	346,	954.

Deux trillons, trois cent quarante-trois billions, quatre cent vingt-sept millions, trois cent quarante-six mille, neuf cent cinquante-quatre unités.

Cette méthode facilite beaucoup les calculateurs dans les grandes opérations ; elle est en usage dans toutes nos arithmétiques anciennes.

Avant d'entrer en matière, nous allons donner quelques notions sur les différens poids et mesures.

DES POIDS ET MESURES.

DES POIDS.

Les poids se divisent ainsi qu'il suit : par milliers, par cents ou quintaux, par livres, par marcs ou demi-livres, par onces, par gros et par grains.

Le millier ou mille pesant contient 10 cents ou 10 quintaux.

Le quintal contient 100 livres pesant, le demi-cent 50 livres, et enfin le quart du cent 25 livres.

La livre contient 2 marcs ou 16 onc., la demi-livre 1 marc ou 8 onces, le quarteron

quarteron 4 onces, le demi-quarteron 2 onces.

La livre de soie ne contient que 15 onces.

La livre en médecine contient maintenant 16 onces ou 128 drachmes, l'once 8 drachmes, la drachme trois scrupules, et le scrupule 24 grains.

Le marc se divise en 8 onces ou 64 gros, ou 192 deniers, ou 4608 grains.

L'once se divise en 8 gros, le gros en 3 deniers, le denier en 24 grains, et le grain en 24 primes.

Le marc d'or se divise (en France) en 25 karats, et le karat en 32 trente-deuxièmes.

Le marc d'argent fin se divise en 12 deniers, et le denier en 24 grains.

La livre de monnoie se divise en 20 sous, le sou en 12 deniers, le denier en mailles ou oboles.

DES MESURES.

L'aune de Paris contient 3 pieds 7 pouces 10 lignes 10 points. Ses fractions sont une demi-aune, un quart, un huitième, un seizième, un trente-deuxième, un tiers, un sixième, un douzième, un vingt-quatrième.

La mesure de la toise est prise sur l'étalon de l'académie des Sciences.

La toise courante se divise en 6 pieds, le pied en 12 pouces, le pouce en 12 lignes, et la ligne en 12 points.

La toise quarrée contient 36 pieds, le pied 144 pouces, et le pouce 144 lign.

La toise cube contient 216 pieds, le pied 1728 pouces, et le pouce 1728 lign.

L'arpent ou journal vaut 100 perches quarrées, ou dix perches de long sur dix de large.

La perche est plus grande ou plus petite suivant les différens lieux. Sa plus grande longueur est de 28 pieds, et sa plus petite de 18. Ainsi quand on mesure l'arpent avec la perche, il faut toujours indiquer le nombre des pieds qu'elle contient, afin d'éviter l'erreur.

A Paris, la perche est de 18 pieds, et l'arpent contient 900 toises quarrées, la perche ayant 9 toises quarrées de superficie.

Le muid de grains, mesure de Paris, contient 12 setiers, le setier 2 mines ou 12 boisseaux, la mine 2 minots, le minot 3 boisseaux ou 1728 pouces cubes, c'est-à-dire en tous sens, et le boisseau 16 litrons ou 576 pouces cubes. Le boisseau de blé pèse 21 à 22 livres.

Le muid d'avoine double celui de blé. A Paris, il contient ordinairement 12 setiers, et le setier contient 24 boisseaux. Le boisseau d'avoine pèse 17 à 18 livres.

Le muid de sel contient 12 setiers, le setier 4 minots, le minot 4 boisseaux et le boisseau 16 litrons. Le boisseau de sel pèse 25 livres.

Le muid de charbon contient 16 mines, la mine 2 minots, et le minot 2 boisseaux.

La voie ou muid de charbon de terre contient 15 minots, le minot 6 boisseaux.

Le muid de chaux contient 48 minots, le minot 3 boisseaux, et le boisseau 16 litrons.

Le muid de plâtre contient 36 sacs, le sac doit contenir 2 boisseaux.

Le muid de vin, à Paris, contient 37 setiers et demi ou 300 pintes, compris la lie.

Le demi-muid contient 2 quarts ou 18 setiers 6 pintes ou 150 pintes.

Le setier contient 8 pintes, la pinte 2 chopines, la chopine 2 demi-setiers et le demi-setier deux poissons.

La demi-queue d'Orléans contient 30 setiers ou 240 pintes.

La demi-queue de Beaune contient 28 setiers 6 pintes, la demi-queue de Champagne 24 setiers et les quartauts à proportion.

Des règles de l'Arithmétique.

Les règles de l'arithmétique sont des opérations, au moyen desquelles on compose et on décompose les nombres, ce qu'on appelle calculer. Les nombres étant susceptibles d'augmentation et de diminution, il est constant qu'on peut les assujettir à deux sortes d'opérations, l'une par laquelle on les augmente, ce qui s'appelle faire une addition; l'autre par laquelle on les diminue, ce qu'on appelle une soustraction: toutes les autres opérations de l'arithmétique dépendent plus ou moins de ces deux opérations fondamentales, comme on le verra dans la suite.

L'arithmétique contient quatre règles: l'addition, la soustraction, la multiplication et la division.

PREMIÈRE RÈGLE.

DE L'ADDITION.

L'addition est une opération qui a

pour but de faire connoître la somme totale de plusieurs sommes partielles de même nature réunies ensemble.

Exemple.

Un marchand a trois billets, et tous trois de différentes sommes, il veut connoître la totalité de ces trois sommes; pour y parvenir, il opère ainsi qu'il suit.

Première opération, composée de de livres seulement.

Premier billet montant	à. .	175 l.
Deuxième.	à. .	354
Troisième	à. .	649
		1,178 l.

Les sommes partielles ainsi posées, je commence par la première colonne à droite où il y a un 5, et je dis : 5 et 4 font 9, et 9 font 18, j'écris 8 au dessous de la barre, et retiens une dizaine; ensuite passant à la deuxième colonne, je dis: une dizaine de retenue et 7 font 8, et 5 font 13, et 4 font 17, j'écris 7 à la seconde colonne à gauche, et retiens une dizaine; puis passant à la troisième colonne, je dis: une dizaine de retenue et 1 font 2, et 3 font 5, et 6 font 11, j'écris 1, et avance la dizaine.

Les trois sommes réunies font en totalité 1178 livres, ou mille cent soixante-dix-huit livres.

La preuve se fait de deux manières différentes. soit par une addition inverse, soit par une soustraction.

Preuve par l'addition.

La preuve de cette opération se vérifie par l'addition, en retranchant successivement les sommes partielles de la somme totale ; à la fin il ne doit rien rester.

Exemple.

```
  175 l.
  354
  649
 -----
 1,178
 -----
  110.
 -----
```

Je commence par la première colonne à gauche en disant : 1 et 3 font 4, et 6 font 10, de 11 reste 1 que je pose sous le deuxième 1, ensuite passant à la deuxième colonne, je dis : 7 et 5 font 12, et 4 font 16, de 17 reste 1, puis passant à la troisième, je dis : 5 et 4 font 9, et 9 font 18, de 18 reste 0 ;

il ne reste rien, donc l'opération est exacte.

Principe de cette preuve.

Si d'un tout vous retranchez successivement toutes les parties qui le composent, à la fin il ne doit rien rester.

Preuve par la soustraction.

175 l.
354
649
1,178 l.
1,003
175.

Je fais d'abord un trait sous la première somme de mon opération 175, puis additionnant les deux autres, je dis : 4 et 9 font 13, je pose 3 sous le 8 de la première colonne à droite, et retiens une dizaine, ensuite passant à la deuxième, je dis : 1 de retenu et 5 font 6, et 4 font 10, je pose 0 sous la deuxième colonne, et retiens une dizaine, puis passant à la troisième colonne, je dis : 1 de retenu et 3 font 4, et 6 font 10, je pose 0 et avance ma dizaine : mon addition ainsi faite, je trouve une somme de 1,003 l.

Ensuite je soustrais ou ôte de la somme de 1,178 l. celle de 1,003 liv. en disant : qui de 8 ôte 3 reste 5, ensuite qui de 7 ôte 0 reste 7, ensuite, qui de 1 ôte 0 reste 1, et enfin qui de 1 ôte 1 reste également 0 ; ce qui me donne la somme de 175 l., qui est celle que je cherchois.

Principe de cette preuve.

Si vous retranchez d'un nombre la somme de toutes les parties qui le composent moins une, vous devez retrouver celle-ci.

Deuxième opération, composée de livres et sous.

247 l.	12 s.
736	19
848	5
1,832 l.	16 s.

Je commence mon opération par la colonne des sous, et je dis : 2 et 9 font 11, et 5 font 16 ; en 16 je pose 6 sous la colonne des sous, et retiens une dizaine que je porte à la deuxième colonne qui est celle des dizaines, puis je dis : 1 de retenu et 1 font 2, et 1 font 3, trois dizaines formant 1 l. 10 s., je pose 1 dizaine sous la colonne des dizaines, et retiens 1 l. que je porte à la colonne des livres. Le reste comme à l'addition simple indiquée plus haut.

Sa preuve.

La preuve se fait soit par une addition, soit par une soustraction, telle qu'elle vient d'être indiquée.

Troisième opération, composée de livres, sous et deniers.

326 l.	13 s.	6 d.
245	15	9
164	10	3
736 l.	19 s.	6 d.

Je commence mon opération par la colonne des deniers et je dis : 6 et 9 font 15, et 3 font 18; en 18 deniers je trouve qu'il y a un sou, plus 6 deniers, j'écris 6 sous la colonne des deniers et retiens un sou que je porte à la colonne des sous ; puis je dis : un de retenu et 3 font 4, et 5 font 9, j'écris 9 sous la colonne des sous, ensuite passant à la colonne des dizaines, je dis : 1 et 1 font 2 et 1 font 3, 3 dizaines formant 1 l. 10 s., j'écris 1 à côté de 9 sous la colonne des dizaines, et retiens 1 livre que je porte à la colonne des livres. Le reste se fait comme il a été indiqué à l'addition simple.

Sa preuve.

La preuve se fait soit par une addition, soit par une soustraction, telle qu'elle a été indiquée.

Quatrième opération, composée de toises, pieds, pouces, lignes et points.

Avant de faire cette opération, je vais donner une connoissance exacte de la valeur de chacune de ces dénominations, afin de mettre à portée de la faire exactement.

Pour mesurer les distances, il fallut partir d'une unité quelconque dont la longueur fût connue, et que l'on portât successivement d'un bout à l'autre de chaque distance à mesurer ; rien dans le monde ne fixant cette unité, chaque peuple en prit une à sa fantaisie, et parmi nous on l'appelle *toise*.

Division de la Toise.

La toise se divise, savoir : en pieds, pouces, lignes et points.

La toise contient 6 pieds, le pied 12 pouces, le pouce 12 lignes, et la ligne 12 points.

De sorte que le pied est un sixième de la toise, le pouce un soixante-douzième, la ligne un huit cent soixante-quatrième, et le point un dix mille trois cent soixante-huitième.

Maintenant commençons notre opération. J'ai à additionner,

1°.	9 t.	3 pi.	11 p.	2 l.	7 pts.
2°.	100.	0.	0.	0.	0
3°.	47.	5.	3.	8.	0
4°.	11.	0.	10.	8.	4
	168.	4.	1.	6.	11

Je commence mon opération par la colonne des points, et je dis : 7 et 4 font 11, je pose 11 sous la colonne des points, ensuite passant à la colonne des lignes, je dis : 2 et 8 font 10 et 8 font 18. Dix-huit lignes contenant 1 pouce 6 lignes, je pose 6 sous la colonne des lignes et retiens un pouce, puis passant à la colonne des pouces, je dis : 1 de retenu et 11 font 12 et 3 font 15 et 10 font 25; 25 pouces valant 2 pieds 1 pouce, je pose 1 sous la colonne des pouces et retiens 2 pieds ; ensuite passant à la colonne des pieds, je dis : 2 de retenus et 3 font 5 et 5 font 10; 10 pieds valant 1 toise 4 pieds, je pose 4 sous la colonne des pieds et retiens 1 toise ; ensuite passant à la colonne des toises, je dis : 1 de retenu et 9 font 10 et 7 font

17 et 1 font 18, en 18 je pose 8 et retiens 1 ; puis passant à la deuxième colonne, je dis : 1 de retenu et 4 font 5 et 1 font 6, je pose 6 ; enfin passant à la troisième, je dis : 1 est 1. Mon opération ainsi faite, je trouve 168 toises, 4 pieds 1 pouce 6 lignes 11 points.

Cinquième opération, composée de livres, onces, gros et grains.

Le besoin de la société et du commerce n'eurent pas plutôt introduit l'usage des poids et des monnoies, que chaque nation et presque chaque ville voulut avoir les siens ; de là naît cette différence dans la manière de peser et de compter.

Comme il falloit cependant établir une unité de poids ainsi qu'une unité de monnoie pour base de ces deux opérations, chaque pays en choisit une ; la nôtre s'appelle la livre, et nous en distinguons de deux espèces, savoir : la livre poids et la livre monnoie.

La première se divise en 16 parties égales appelées onces.

La livre poids contient 16 onces, le marc ou la demi-livre contient 8 onces, l'once 8 gros, le gros 72 grains.

La deuxième se divise en sous et deniers.

deniers. La livre contient 20 sous, le sou 12 deniers.

Maintenant donnons des applications à ce développement.

J'ai à additionner,

1°.	10 liv.	15 onces	7 gros	70 grains.
2°.	9.	10.	4.	18
3°.	47.	3.	6.	40
4°.	0.	13.	0.	55
	68 liv	11 onces	3 gros	39 grains.

Je commence mon opération par la colonne des grains que j'additionne ensemble, alors trouvant 183 grains, je dis que 183 grains valent 2 gros plus 39 grains. Je pose le nombre 39 sous ladite colonne et retiens 2 gros, puis passant à la colonne des gros, je dis : 2 de retenus et 7 font 9 et 4 font 13 et 6 font 19; 19 gros valant 2 onces plus 3 gros, je pose 3 sous la colonne des gros et retiens deux onces; ensuite passant à la colonne des onces, je dis : 2 de retenus et 15 font 17 et 10 font 27 et 3 font 30 et 13 font 43; 43 onces valant 2 livres 11 onces, je pose 11 sous la colonne des onces et retiens deux livres que je porte à la colonne des livres et je dis : 2 de retenus et 9 font 11 et 7 font 18, en 18 je pose 8 sous la colonne des livres et retiens 1 ; ensuite passant à la deuxième colonne, je dis : 1 de retenu et 1 font 2 et 4 font 6, je pose 6. Mon opération ainsi faite, je trouve 68 livres 11 onces 3 gros 39 grains.

DEUXIÈME RÈGLE.

DE LA SOUSTRACTION.

La soustraction est une opération qui sert à trouver la différence de deux quantités données ; or cette différence est toujours égale à ce qui reste de l'une de ces quantités, quand on en a retranché l'autre.

Exemple.

Un particulier a emprunté 79,438 l. ; il a remis 54,932 l. ; il veut savoir ce qu'il doit encore. J'écris le nombre 79,438 l. et celui 54,932 l. dessous ainsi qu'il suit.

Première opération, composée de livres seulement.

Somme empruntée,	79,438 l.
Somme rendue,	54,932
Somme rédue,	24,506
Preuve,	79,438

Je commence mon opération par la

droite et je dis : qui de 8 ôte 2 reste 6 ; ensuite qui de 3 ôte 3 reste o ; ensuite qui de 4 ôte 9 ne peut ; j'emprunte sur la colonne suivante une dizaine, marquant d'un point ce chiffre, afin de faire connoître qu'il ne vaut plus que 8 ; ensuite je dis : une dizaine d'empruntée et 4 font 14, qui de 14 ôte 9 reste 5 que j'écris sous la colonne. Puis remarquant le point indiquant l'emprunt que j'ai fait : je dis : qui de 8 ôte 4 reste 4, j'écris 4 sous la colonne ; enfin qui de 7 ôte 5 reste 2. L'opération ainsi faite, je vois qu'il est redevable de la somme de 24,506 l. ou vingt-quatre mille cinq cent six livres.

Sa preuve.

La preuve se fait en ajoutant le reste au plus petit nombre, ce qui doit reproduire le plus grand.

Pour établir cette preuve, j'additionne ensemble les sommes rendues et redues, ce qui doit rétablir la somme première.

Opération.

Somme empruntée,	79,438 liv.
Somme rendue,	54,932
Somme redue,	24,506
Preuve,	79,438

En disant par la droite 2 et 6 font 8, je pose 8; ensuite 3 est 3, puis 9 et 5 font 14, j'écris 4 et retiens une dizaine, ensuite je dis : 1 de retenu et 4 font 5 et 4 font 9, j'écris 9 ; enfin je dis 5 et 2 font 7, je pose 7. Alors retrouvant la somme première, je vois l'exactitude de mon opération.

Deuxième opération, composée de livres et de sous.

Je pars du même principe que dans la soustraction simple.

Somme empruntée,	94,376 l.	11 s.
Somme rendue,	59,843	14
Somme redue,	34,532	17
Preuve,	94,376 l.	11 s.

Et je dis : qui de 1 ôte 4 ne peut, j'emprunte sur la colonne des dizaines 1, et je dis : 10 et 1 font 11, qui de 11 ôte 4 reste 7, ensuite le 1 n'ayant plus de valeur, je dis : qui de rien ôte 1 ne peut, je passe à la colonne des livres et emprunte 1 liv. qui vaut 20 s. ensuite je dis: qui de 20 en ôte 10 reste 10, j'écris une dizaine sous cette colonne. Puis passant à la colonne des livres sur laquelle j'en ai ôté 1, je dis : qui de 5 ôte 3 reste 2.

Le reste comme à la soustraction simple.

Sa preuve.

La preuve de cette opération, comme elle a été indiquée à la soustraction simple.

Troisième opération, composée de livres, sous et deniers.

Somme empruntée,	75,483 l.	13 s.	4 d.
Somme rendue,	59,856	15	6
Somme redue,	15,626	17	10
Preuve,	75,483 l.	13 s.	4 d.

Je pars du même principe que pour la deuxième opération, en commençant par la première colonne à droite qui est celle des deniers, je dis : qui de 4 ôte 6 ne peut. j'emprunte à la colonne des sous 1 sou qui vaut 12 deniers, lesquels je joins aux 4, ce qui fait 16, et je dis : qui de 16 ôte 6 reste 10.

Le reste comme à la deuxième opération.

Sa preuve.

La preuve se fait comme elle a été indiquée plus haut.

Quatrième opération, composée de zéros.

Som. emprunt.	9,000,000 l.	0 s.	0 d.
Som. rendue,	6,409,814	12	0
Som. redue,	2,590,185	8	0
Preuve,	9,000,000	0	0

Je commence cette opération par la droite, comme j'ai fait pour les autres, c'est-à-dire par la colonne des deniers, et je dis : qui de 0 ou zéro ôte 0 reste 0. Ensuite passant à la colonne des sous, je dis : qui de 0 ôte 12 ne peut ; j'emprunte sur le 9 de la colonne des livres une livre qui vaut 20 sous, afin de payer les 12 sous et je dis : qui de 20 ôte 12 reste 8. Les 0 ou zéros à droite, d'après l'emprunt que j'ai fait, valent 9, alors je continue mon opération en disant : qui de 9 ôte 4 reste 5, ensuite qui de 9 ôte 1 reste 8, ensuite qui de 9 ôte 8 reste 1, ensuite qui de 9 ôte 9 reste 0, ensuite qui de 9 ôte 0 reste 9, ensuite qui de 9 ôte 4 reste 5, et enfin qui de 8 ôte 6 reste 2.

Sa preuve.

Elle se fait comme il est indiqué plus haut.

Cinquième opération, composée de toises, pieds, pouces et lignes.

Remarque.

Il est à remarquer pour les opérations suivantes ce que j'ai indiqué sur la valeur des toises, pieds, pouces et lignes, ainsi que sur les onces, gros et grains. D'après cela on peut faire toutes ces opérations sans embarras.

Exemple.

Un maçon a 1,542 toises 4 pieds 5 pouces 10 lignes d'ouvrage à faire, sur quoi il en a fait 274 toises 5 pieds 6 pouces 7 lignes, combien lui en reste-t-il à faire?

A faire,	1,542 t.	4 pi.	5 p.	10 l.
Fait,	274	5	6	7
R. à faire,	1,267	4	11	3
Preuve,	1,542 t.	4 pi.	5 po.	10 l.

Je commence mon opération par la colonne à droite, qui est celle des lignes, et je dis : qui de 10 ôte 7 reste 3, ensuite passant à la colonne des pouces, je dis : qui de 5 ôte 6 ne peut, j'emprunte sur la colonne des pieds 1 pied qui vaut 12 pouces, lesquels je joins aux 5 pouces, ce qui fait 17, puis je dis : qui de 17 ôte 6 reste 11, ensuite n'ayant plus que 3 pieds, je dis : qui de 3 ôte 5 ne peut, j'emprunte 1 toise qui vaut 6 pieds, et 3 font 9, je dis : qui de 9 ôte 5 reste 4, ensuite passant à la colonne des toises où j'en ai emprunté 1, je dis : qui de 1 ôte 4 ne peut, j'emprunte une dizaine que je joins au 1, ce qui fait 11, et je dis : qui de 11 ôte 4 reste 7, je pose 7 sous la première colonne des toises ; ensuite passant à la seconde, je dis : qui de trois ôte 7 ne peut, j'emprunte une dizaine que je joins au 3, ce qui fait 13, et je dis : qui de 13 ôte 7 reste 6, ensuite qui de 4 ôte 2 reste 2, et enfin qui de 1 ôte 0 reste 1.

Mon opération ainsi faite, je vois qu'il lui reste à faire 1,267 toises 4 pieds 11 pouces 3 lignes.

Sa preuve.

Pour faire la preuve de cette opération, j'additionne ensemble l'ouvrage fait et celui qui reste à faire, ce qui doit reproduire l'ouvrage à faire ou les 1,542 toises 4 pieds 5 pouces 10 lignes.

Sixième opération, composée de livres, onces, gros et grains.

Un épicier doit fournir 12 livres 12 onces 5 gros 12 grains de marchandises, il n'a fourni que 7 livres 10 onc. 4 gros 7 grains ; combien doit-il fournir encore pour compléter la demande ?

A fournir,	12 l.	12 onc.	5 gro.	12 gr.
Fourni,	7	10	4	7
A refournir,	5	2	1	5
Preuve,	12	12	5	12

Pour faire cette opération, je dis, en partant de la colonne des grains : qui de 12 ôte 7, reste 5, ensuite qui de 5 ôte 4 reste 1, ensuite qui de 12 ôte 10 reste 2, et enfin qui de 12 ôte 7 reste 5.

Mon opération ainsi faite, je trouve qu'il lui reste à fournir 5 livres 2 onces 1 gros 5 grains.

Sa preuve.

La preuve se fait en additionnant ensemble la marchandise fournie et celle à fournir, ce qui doit compléter la marchandise qu'il devoit fournir.

TROISIÈME RÈGLE.

DE LA MULTIPLICATION.

Multiplier est prendre un nombre, que l'on appelle multiplicande, autant de fois qu'il est marqué par un autre nombre que l'on appelle multiplicateur ; le résultat de cette opération se nomme produit Par conséquent le produit est au multiplicande, comme le multiplicateur est à l'unité.

TABLE DE MULTIPLICATION.

2 fois	2 font	4	4 fois	4 font	16
2	3	6	4	5	20
2	4	8	4	6	24
2	5	10	4	7	28
2	6	12	4	8	32
2	7	14	4	9	36
2	8	16	4	10	40
2	9	18	4	11	44
2	10	20	4	12	48
2	11	22			
2	12	24	5 fois	5 font	25
			5	6	30
3 fois	3 font	9	5	7	35
3	4	12	5	8	40
3	5	15	5	9	45
3	6	18	5	10	50
3	7	21	5	11	55
3	8	24	5	12	60
3	9	27			
3	10	30	6 fois	6 font	36
3	11	33	6	7	42
3	12	36	6	8	48

6 fois	9 font	54
6	10	60
6	11	66
6	12	72
7 fois	7 font	49
7	8	56
7	9	63
7	10	70
7	11	77
7	12	84
8 fois	8 font	64
8	9	72
8	10	80
8	11	88
8	12	96
9 fois	9 font	81
9 fois	10 font	90
9	11	99
9	12	108
10 fois	10 font	100
10	11	110
10	12	120
10	13	130
10	14	140
10	15	150
10	16	160
10	17	170
10	18	180
11 fois	11 font	121
11	12	132
12 fois	12 font	144

Il est très-essentiel de bien savoir cette table par cœur, afin d'épargner un temps précieux et de ne se trouver nullement embarrassé dans toutes les opérations qui ont rapport à la multiplication.

AUTRE TABLE,

Appelée de Pythagore,

Servant à la multiplication de deux nombres l'un par l'autre.

1	2	3	4	5	6	7	8	9
2	4	6	8	10	12	14	16	18
3	6	9	12	15	18	21	24	27
4	8	12	16	20	24	28	32	36
5	10	15	20	25	30	35	40	45
6	12	18	24	30	36	42	48	54
7	14	21	28	35	42	49	56	63
8	16	24	32	40	48	56	64	72
9	18	27	36	45	54	63	72	81

Voici quel est l'usage de cette Table. Si vous voulez multiplier l'un par l'autre ces deux nombres, 4 et 7, c'est-à-dire savoir quel nombre sortira de 4 fois 7, prenez le chiffre 4 qui est au haut d'une des lignes perpendiculaires, prenez ensuite le chiffre 7, qui commencera l'une des lignes horizontales, et traversez cette ligne jusqu'au dessous du 4, et vous trouverez qu'il en sortira le nombre 28.

Vous

Vous pourrez faire la même opération sur tous ses autres nombres.

Exemple.

Un marchand a acheté vingt-quatre aunes de toile à douze livres l'aune, il veut savoir combien il doit payer pour ses vingt-quatre aunes.

Le multiplicateur est le prix de l'aune, qui doit être répété autant de fois qu'il y a d'aunes.

Le multiplicande est la quantité de la marchandise ou des aunes.

La valeur des chiffres d'un produit suit toujours celle du chiffre multiplicateur.

Le multiplicateur est un nombre abstrait, ou doit être regardé comme tel ; il ne fait que marquer combien de fois ou parties de fois on doit prendre le multiplicande.

Première opération, composée de livres.

```
    24 aunes, multiplicande,
à   12 l. multiplicateur.
   ----
    48
   24
   ----
   288 l. produit ou prix des 24 aunes.
```

Je commence mon opération par la

droite du multiplicateur, et je dis : 2 fois 4 font 8, je pose 8 sous le 2 du multiplicateur, ensuite 2 fois 2 font 4.

Puis passant au deuxième chiffre du multiplicateur et reculant d'un chiffre, je dis : 1 fois 4 est 4 et 1 fois 2 est 2.

Mon opération faite, je trouve que les 24 aunes coûteront 288 l., ce que je cherchois.

Remarque. Comme toutes les opérations vont être faites par la réduction des deniers en sous et des sous en livres, cette réduction étant une marche plus courte et plus facile que les parties aliquotes, je crois important, avant d'en donner quelques exemples, de mettre sous les yeux du calculateur un tableau indicatif de ces réductions.

TABLEAU

De ces espèces de réductions.

Valeur de vingtième.

Le vingtième de

20	est	1	140	est	7
40		2	160		8
60		3	180		9
80		4	200		10
100		5	220		11
120		6	240		12

260	est	13	540	est	27
280		14	560		28
300		15	580		29
320		16	600		30
340		17	620		31
360		18	640		32
380		19	660		33
400		20	680		34
420		21	700		35
440		22	720		36
460		23	740		37
480		24	760		38
500		25	780		39
520		26	800		40

Valeur de douzième.

Le douzième de

12	est	1	180	est	15
24		2	192		16
36		3	204		17
48		4	216		18
60		5	228		19
72		6	240		20
84		7	252		21
96		8	264		22
108		9	276		23
120		10	288		24
132		11	300		25
144		12	312		26
156		13	324		27
168		14			

Deuxième opération, composée de livres et sous.

26 aunes de drap
à 16 l. 13 s.

78	
26	
33|8	
16 l.	18 s.
156	
26	
432 l.	18 s.

Je commence mon opération en multipliant les 13 sous par 26, et je dis : 3 fois 6 font 18, en 18 je pose 8 sous le 6 de mon multiplicateur et retiens une dizaine, puis 3 fois 2 font 6 et une de retenue font 7, je pose 7; ensuite, reculant d'un chiffre, je dis : 1 fois 6 est 6, et 1 fois 2 est 2.

Ayant ainsi multiplié le nombre 13 par le nombre 26, j'ai un produit de 338 sous que je réduis en livres, en séparant d'un trait de plume le premier chiffre de droite. Puis je prends la moitié de ceux de gauche, et je dis : la moitié de 3 est 1 pour 2, je pose 1 sous le premier 3 et retiens une dizaine, que je joins au 3 suivant, ce qui fait 13, alors je dis : la moitié de 13 est de 6 pour 12, je pose 6 sous le deuxième 3 et retiens une dizaine, laquelle je joins au 8, ce qui fait 18 sous que je pose à la colonne des sous. Alors je trouve que 338 sous forment 16 l. 18 s.

Le reste se fait comme à la multiplication simple.

Méthode courte et facile pour réduire les livres en sous, et les sous en deniers.

Réduction des livres en sous.

De toutes les opérations arithmétiques, il n'en est point de plus facile que celle-ci.

Si vous voulez, par exemple, réduire 2,465 l. en sous, multipliez 2,465 par 20.

Opération.

2,465 l.
20

49,300 sous, contenus dans 2,465 l.

Présentement voulez-vous remettre les 49,300 sous dans leur valeur primitive, prenez la moitié de ladite somme, et séparez d'un trait de plume le chiffre de droite, et vous aurez 2,465 l.

Opération.

49,30|0 s.
2,465 l.

Vous voyez que cette opération est simple et expéditive.

Réduction des sous en deniers.

Si vous voulez réduire 4,375 sous en deniers, multipliez 4,375 sous par 12.

Opération.

4,375 s.
par 12 den.

8,750
4,375

52,500 d. contenus dans 4,375 s.

Maintenant, pour rétablir vos 52,500 deniers dans leur état primitif, prenez le douxième de 52,500 deniers.

52,500 den.
4,375 s.

Ces sortes d'opérations servent encore, savoir :

1°. A tirer le sou pour livre.
2°. A tirer l'intérêt au denier 20.
3°. A tirer le change à 5 pour cent.
4°. A tirer le vingtième d'une somme.
Aux multiplications de livres et sous.
Aux multiplications de sous et de-

niers, et aux multiplications de sous simplement.

1°. Si vous voulez tirer le sou pour livre de 7,869 l., opérez comme pour la réduction des sous en livres.

Opération.

786|9 l.
393 l. 9 s. sera le sou pour livre.

2°. Si vous voulez tirer l'intérêt au denier 20, c'est la même marche.

Opération.

965|7 l.
482 l. 17 s. sera le denier 20.

3°. Si vous voulez tirer le change à 5 pour 100 de 6,493 l., c'est la même chose.

Opération.

649|3 l.
324 l. 13 s. sera le change à 5 pour 100.

La méthode ordinaire de la multiplication par sous, c'est de multiplier la quantité de la marchandise par le nombre des sous qu'elle coûte, le produit sera des sous, lesquels vous réduirez en livres, ainsi que je viens de l'indiquer. Pour vous faciliter d'autant plus ces sortes d'opérations, je vais vous donner les deux exemples suivans.

25 aunes à 40 s. 100|0 s. 50 l., prix des vingt-cinq aunes.	25 aunes à 72 d. 50 175 1800 d. 15|0 s. 7 l. 10 s. prix des vingt-cinq aunes.

Une fois familier avec ces espèces de réductions, vous pourrez facilement faire toutes les opérations les plus difficiles.

Troisième opération, composée de livres, sous et deniers.

12 aunes de toile
à 6 l. 16 s. 5 d.

60

5
72
12

19|7

9 l. 17 s.
72

81 l. 17 s.

Je commence mon opération par les deniers, que je multiplie par la quantité de ma marchandise, et je dis : 5 fois 2 font 10, en 10 je pose 0 et retiens une dizaine. Ensuite 5 fois 1 font 5 et 1 font 6, en 6 je pose 6 à côté du zéro ou 0, ensuite je prends le 12.e et dis : le 12.e de 60 est de 5, je pose 5 sous le 0, ce sont 5 sous. Le reste se fait comme a la deuxième opération.

Preuve de la multiplication.

La preuve d'une multiplication se fait par deux opérations différentes, savoir : par une multiplication ou par une division.

Par une multiplication, en prenant la moitié de la marchandise, et doublant le prix.

Par une division, en prenant le produit ou la somme totale pour dividende, la quantité de la marchandise pour diviseur, le quotient doit être égal au prix de la marchandise.

Exemple.

Première preuve par une multiplication.

6 aunes
13 l. 12 s. 10 d.
60
5
12
6
7|7
3 l. 17 s.
13
6
81 l. 17 s.

Cette opération se fait comme je l'ai indiqué à la multiplication des livres, sous et deniers.

Deuxième preuve par une division.

Dividende 81 l. 17 s. { 12 diviseur.
6 l. 16 s. 5 d.
9
20 { 12
197 { 16 s.
77
5
12 { 12
60 { 5

Pour faire cette opération, je cherche d'abord en 81 combien de fois est contenu 12, je trouve qu'il y est 6 fois, je pose 6 sous le 2 de mon diviseur, et je dis : 6 fois 12 font 72, de 81 reste 7, que je pose sous le 1 de mon dividende.

Ensuite je réduis les 9 l. qui me restent en sous en les multipliant par 20, ce qui me donne 197 sous en y ajoutant les 17 s. qui sont au dividende; je les divise également par le nombre 12, et je cherche en 19 combien de fois 12, il y est une fois, je pose 1 à la colonne des sous et dis : 1 fois 12 est 12, de 19 reste 7, ensuite j'abaisse le 7 de mon dividende, ce qui me donne 77, alors je cherche en 77 combien de fois 12, je trouve qu'il y est 6 fois, je pose 6 à côté du 1 de mon quotient, et je dis : 6 fois 12 font 72, de 77 reste 5. Je les multiplie par 12 pour en faire des deniers, ce qui me donne 60, alors je cherche en 60 combien de fois 12, je trouve qu'il y est 5 fois, je pose 5 à la colonne des deniers, et je dis : 5 fois 12 font 60, de 60 reste 0.

Comme il n'y a plus de chiffres à abaisser, l'opération est finie, et le quotient égalant le prix de mes 12 aunes, je vois que la règle est exacte.

Remarque. J'ai dit plus haut que la multiplication faite par les parties aliquotes étoit une opération embarrassante pour les calculateurs, et que celle faite par la réduction étoit plus simple et plus facile. Pour en démontrer la vérité, je vais en donner un exemple, afin que les calculateurs puissent le juger ainsi que moi.

MULTIPLICATION

PAR LES PARTIES ALIQUOTES.

Table des parties aliquotes de 20 sous.

Pour

1 s. Le vingtième.
2 Le dixième.
3 Le dixième et le vingtième.
4 Le cinquième.
5 Le quart.
6 Le quart et le vingtième.
7 Le quart et le dixième.
8 Les deux cinquièmes.
9 Le quart et le cinquième.
10 La moitié.
11 La moitié et le vingtième.
12 La moitié et le dixième.

15

13 s. La moitié, le dixième et le vingtième.
14 La moitié et le cinquième.
15 La moitié et le quart.
16 La moitié, le quart et le vingtième.
17 La moitié, le quart et le dixième.
18 La moitié et les deux cinquièmes.
19 La moitié, le quart et le cinquième.

Table des parties aliquotes de 12 deniers.

Pour

1 den. Le douzième.
2 Le sixième.
3 Le quart.
4 Le tiers.
5 Le tiers et le douzième.
6 La moitié.
7 La moitié et le douzième.
8 Les deux tiers.
9 Les deux tiers et le douzième.
10 La moitié et le tiers.
11 La moitié, le tiers et le douzième.

Opération.

	36 aunes
à	25 l. 13 s. 6 d.
	180
	72
	18. . . . pour 10 s.
	3 l. 12 s. pour 2
	1 l. 16. . pour 1
	18. . pour 6
	924 l. 6 s.

Je commence mon opération en multipliant le nombre 25 par 36, et je dis : 5 fois 6 font 30, je pose 0 sous le 5 du multiplicateur, et retiens 3 dizaines, ensuite 5 fois 3 font 15 et 3 de retenus font 18, en 18 je pose 8 et j'avance 1 ; puis reculant d'un chiffre, je dis : 2 fois 6 font 12, je pose 2 et retiens une dizaine ; ensuite 2 fois 3 font 6 et 1 de retenu font 7, que je pose.

Ayant ainsi opéré, je passe à la colonne des sous, puis je prends pour 10 sous la moitié de la quantité de la marchandise, qui est 18 que j'écris, ensuite pour 2 s. le dixième de la même quantité, qui est 3 l. 12 s., ensuite pour 1 s. le vingtième ou moitié du dixième, qui est 1 l. 16 s., enfin je prends pour 6 deniers la moitié du vingtième, qui est 18 sous.

Mon opération ainsi faite, je vois que 36 aunes de toile ou autre marchandise, coûteront, à raison de 25 l. 15 s. 6 d. l'aune, 924 l. 6 s.

Sa preuve.

Elle se fait, comme j'ai dit plus haut, soit par la multiplication, soit par la division, au choix du calculateur.

QUATRIÈME RÈGLE.

DE LA DIVISION.

Diviser un nombre par un autre, c'est chercher combien de fois le second, qui se nomme diviseur, est contenu dans le premier, qui se nomme dividende; le résultat de cette opération se nomme quotient.

Exemple.

Une personne décédée laisse par son testament une somme de 342 liv. à partager entre 24 indigens, et désire qu'ils aient chacun part égale; c'est une division à faire pour résoudre la question.

Première opération avec livres seulement.

Divid. 342 l. { ou somme à partager.
102 { 24 diviseur ou nombre des partageans.
6 { 14 l. 5 s., quotient ou
120 { somme qu'ils doivent avoir chacun.

Pour faire cette opération, je prends à gauche les deux chiffres 34, et je cherche en 34 combien de fois est contenu 24, il y est une fois; je pose 1 sous le 2 de mon diviseur, et multipliant ensemble ces deux nombres, je dis : 1 fois 4 est 4, de 4 reste rien, je pose 0 ou zéro sous le 4 de mon dividende; ensuite une fois 2 est 2, de 3 reste 1. Alors, comme 10 ne contient point mon dividende, j'abaisse le 2, ce qui me fait 102, alors je cherche en 102 combien de fois est contenu 24; je trouve qu'il y est 4 fois, je pose 4 au diviseur, puis je multiplie également ces deux nombres l'un par l'autre et je dis : 4 fois 4 font 16, de 22 reste 6 et retiens 2; ensuite 4 fois 2 font 8 et 2 de retenus font 10, de 10 reste 0.

N'ayant plus de chiffres à abaisser, et comme il me reste 6 liv. qui ne peuvent se diviser par 24, je les réduis en sous, en les multipliant par 20, ce qui me donne 120 sous; ensuite je cherche en 120 combien de fois est contenu 24: je trouve qu'il y est contenu 5 fois, je pose 5 à la colonne des sous de mon diviseur et je multiplie également ce nombre par l'autre, ensuite je dis: 5 fois 4 font 20, de 20 reste 0 et retiens 2, ensuite 5 fois 2 font 10 et 2 de retenus font 12, de 12 reste 0 ou zéro. N'ayant plus de chiffres à diviser, mon opération se trouve terminée, et je vois qu'il doit être remis à chaque indigent, pour part égale, 14 l. 5 s.

Deuxième opération de livres et sous.

```
746 l. 13. { 16
106        { 46 l. 13 s. 3 d.
 10
 20
----
213
 53
  5
 12
 60
----
 12
```

Cette opération diffère peu de la première; il ne s'agit que de joindre les 13 sous du dividende à la réduction des livres en sous, car multipliez 10 par 20, viendra 200, auxquels joignez les 13 s. du dividende, viendra 213, que vous diviserez par le même diviseur 16, jusqu'à ce que vous ayez épuisé tous les chiffres du dividende.

Troisième opération de livres, sous et deniers.

548 l. 11 s. 3 d.	36
188	15 l. 4 s. 9 d.
8	
20	
171	
27	
12	
54	
273	
327	
3	

Cette opération diffère en peu de chose de la deuxième; j'ai dit qu'il falloit joindre les sous qui se trouvent au dividende à la réduction des sous, il en est de même des deniers qu'il faut joindre à la réduction des deniers; ainsi multipliez 27 par 12, viendra 324, et les trois deniers du dividende feront 327 que vous diviserez par votre diviseur 36, jusqu'à ce que vous ayez épuisé tous les chiffres de votre dividende.

Sa preuvé.

On prouve l'exactitude d'une division par une multiplication ; 1°. prenant pour multiplicande le diviseur; 2°. en prenant pour multiplicateur le quotient de la division, le produit total de cette opération doit égaler le dividende. En effet le quotient indique combien de fois le diviseur est contenu dans le dividende. Conséquemment si l'on prend ce diviseur autant de fois, c'est-à-dire si on le multiplie par le quotient, on doit trouver le dividende.

Opération.

36
15 l. 4 s. 9 d.

324
3, restant de la division.

327

---

27. s. 3 d.
144

171
8 l. 11 s. 3 d.
180
36

---

548 l. 11 s. 3 d.

Le produit de cette multiplication étant égal au dividende de l'opération à laquelle elle sert de preuve, on doit en conclure l'exactitude.

DES FRACTIONS.

On appelle fraction tout nombre plus petit que l'unité principale qu'on a choisie.

L'idée de fraction comprend donc l'espèce et le nombre de parties que l'on veut prendre pour avoir une portion plus ou moins grande de telle ou telle quantité ; ainsi un tiers signifie que l'unité étant divisée en trois parties égales, on en a pris une : la fraction 4 cinquièmes exprime que l'unité étant divisée en 5 parties égales, on en a pris quatre.

Le nombre ou terme supérieur d'une fraction s'appelle le numérateur de la fraction, et l'inférieur s'appelle le dénominateur. Ainsi dans la fraction 4 cinquièmes, le numérateur est 4 et le dénominateur est 5.

Une fraction proprement dite est donc une quantité moindre que l'unité, parce que son numérateur est plus petit que son dénominateur ; cependant il n'est pas rare de trouver des expressions en forme de fractions, dont le numérateur est égal, ou même plus grand que le dénominateur. Or, quand le numérateur est égal au dénominateur, la fraction est égale à l'unité; par exemple, 4 quarts signifiant que l'unité est divisée en 4 parties égales, et que l'on prend à la fois ces 4 parties, il est clair qu'on a l'unité entière : ainsi 11 onzièmes égalent 1, 99 quatre-vingt-dix-neuvièmes égalent 1.

Il arrive souvent qu'après une opération, on obtient un résultat dans lequel le numérateur est plus grand que le dénominateur. Ce n'est point dans ce cas une fraction proprement dite que l'on obtient, ce sont des entiers sous la forme fractionnaire. On peut facilement les en débarrasser, en divisant le numérateur par le dénominateur ; le quotient indique le nombre d'entiers, et l'on donne au reste le dénominateur de la fraction qui doit leur être ajoutée.

Supposons qu'on obtienne pour résultat d'une opération le nombre $\frac{23}{5}$, on trouve, en effectuant la division, qu'il est égal à 4 unités plus $\frac{3}{5}$. Il est quelquefois plus commode de lui laisser la forme $\frac{23}{5}$, lorsqu'on doit employer ce résultat dans les calculs subséquens.

Il n'est pas toujours aisé de distinguer au premier coup-d'œil quelle est la plus grande de deux fractions, à moins qu'elles n'aient un même numérateur, ou un même dénominateur. On ne voit pas tout de suite, par exemple, quelle est la plus grande de ces deux fractions, 3 quarts, 5 septièmes; mais, 1°. si les fractions ont le même numérateur, celle-là est la plus grande dont le dénominateur est le plus petit, puisqu'il entre le même nombre de parties dans la valeur de la fraction, et que ces parties sont plus considérables; 2°. si les fractions ont le même dénominateur, c'est celle qui a le plus grand numérateur qui est la plus grande, puisqu'elle contient un plus grand nombre de parties de l'unité.

Si une quantité est double, triple ou centuple d'une autre, la moitié de la première quantité sera évidemment double, triple ou centuple de la moitié de la seconde quantité. Le tiers, le quart, le millième ou telle autre partie qu'on voudra de la première, sera également double, triple ou centuple du tiers, du quart, du millième, et en général de la partie correspondante de la seconde. D'où il suit que les parties semblables de deux ou de plusieurs quantités ont toujours entre elles le même rapport que ces quantités.

La valeur d'une fraction ne change donc pas, soit que l'on divise, soit que l'on multiplie ses deux termes par un même nombre, et par conséquent il y a une infinité de fractions de même valeur, quoique exprimées en termes différens.

Exemples : 36 soixante-douzièmes égalent 18 trente-sixièmes, égalent 6 douzièmes, égalent 1 demi, comme il est évident. La seconde fraction vient des deux termes de la première, divisés l'un et l'autre par deux. On a divisé ceux de la seconde par 3, et ceux de la troisième par 6, ce qui a donné la fraction 1 demi, visiblement égale à celles qui la précèdent. On seroit parvenu immédiatement à ce dernier résultat, en divisant les deux termes de la première fraction par 36.

ADDITION DES FRACTIONS.

L'addition des fractions ne présente aucune difficulté, lorsqu'elles ont le même dénominateur, il suffit pour cela d'ajouter le numérateur, et de donner à la somme le dénominateur commun. Ainsi si on a à ajouter $\frac{3}{9}$, $\frac{1}{9}$, $\frac{4}{9}$, on trouve $\frac{8}{9}$ pour résultat. Mais si les fractions n'ont point le même dénominateur, on ne peut point les ajouter immédiatement, puisque les parties qui les composent ne sont point de même espèce. Il faut alors leur faire subir préalablement une transformation, dont l'objet est de leur donner un dénominateur commun, alors les parties étant de même grandeur, il n'y a plus qu'à prendre la somme des numérateurs comme nous l'avons fait ci-dessus.

Proposons-nous pour exemple d'ajouter les deux fractions $\frac{1}{3}$ et $\frac{3}{4}$. Nous avons vu ci-dessus qu'on peut toujours multiplier le numérateur et le dénominateur d'une fraction par un même nombre, sans rien changer à sa valeur, ce qui est évident, puisque si d'un côté on rend les parties plus petites, on en prend un plus grand nombre dans le même rapport.

Conséquemment, si je multiplie les deux

deux termes de la fraction $\frac{1}{3}$ par le dénominateur 4 de la seconde, j'aurai une fraction $\frac{4}{12}$ égale à la première ; par la même raison si je multiplie les deux termes de la seconde fraction par le dénominateur 3 de la première, j'aurai une fraction $\frac{9}{12}$ égale à la seconde : la question est donc ramenée à trouver la somme de deux fractions $\frac{4}{12}$ et $\frac{9}{12}$ égale $\frac{13}{12}$ égale 1 plus $\frac{1}{12}$.

Il suit de là que pour réduire deux fractions au même dénominateur, il faut multiplier les 2 termes de chacune des fractions par le dénominateur de l'autre.

Le dénominateur commun est égal au produit du dénominateur primitif.

Si on avoit un plus grand nombre de fractions, s'il s'agissoit par exemple de trouver la somme des fractions, $\frac{2}{3}$ $\frac{1}{4}$ $\frac{3}{5}$ il faudroit alors, pour les réduire au même dénominateur, multiplier les deux termes de chacune d'elles par le produit des dénominateurs des deux autres, et on aura pour dénominateur commun le produit de tous les dénominateurs.

Ainsi dans l'exemple que nous avons choisi, on multipliera, 1.° les deux termes de la fraction $\frac{2}{3}$ par le produit de 4 par 5 dénominateur des deux autres, ce qui donnera $\frac{40}{60}$ égale à $\frac{2}{3}$. 2.° on multipliera les deux termes de la fraction $\frac{1}{4}$ par le produit de 3 par 5, dénominateur des deux autres, ce qui donnera la fraction $\frac{15}{60}$ égale à $\frac{1}{4}$; enfin on multipliera les deux termes de la fraction $\frac{3}{5}$ par le produit 12 du dénominateur des deux premiers, ce qui donnera $\frac{36}{60}$ égale à $\frac{3}{5}$. On n'aura plus qu'à ajouter les fractions $\frac{40}{60}$ $\frac{15}{60}$ $\frac{36}{60}$, ce qui se fera en additionnant les numérateurs ainsi que nous l'avons dit. Cela suffira pour faire entendre les exemples suivans.

Exemple.

Si vous avez à additionner

1°. ——— 17 aunes $\frac{1}{3}$
2°. ——— 11 $\frac{1}{6}$
3°. ——— 9 $\frac{1}{4}$
4°. ——— 13 $\frac{1}{12}$
5°. ——— 5 $\frac{1}{2}$

posez le nombre de vos aunes les uns sous les autres, et les fractions qui en dépendent, ainsi qu'il suit.

Opération.

17	aunes	$\frac{1}{3}$	$\frac{4}{12}$
11	———	$\frac{1}{6}$	2
9	———	$\frac{1}{4}$	3
13	———	$\frac{1}{12}$	1
5	———	$\frac{1}{2}$	6
56	aunes	$\frac{1}{3}$ ou	$\frac{4}{12}$

Pour faire cette opération, il faut commencer par mettre le nombre 12 à côté des fractions, et faire un trait dessous, ensuite prendre le tiers de 12 qui est 4, ensuite le sixième de 12 qui est 2, ensuite le quart qui est 3, ensuite le douzième qui est 1, et enfin la moitié qui est 6.

Maintenant pour savoir combien valent toutes les fractions qui font le sujet de la question ; ajoutez lesdits produits 4, 2, 3, 1, 6, et les additionnant, mettez de 12 en 12 un point qui indiquera une aune, et dites : 4 et 2 font 6 et 3 font 9 et 1 font 10 et 10 font 16, 16 douzièmes valent une aune plus 4 douzièmes ; ensuite passant à la colonne des aunes, dites : une de retenue et 7 font 8 et 1 font 9 et 9 font 18 et 3 font 21 et 5 font 26, en 26 posez 6 et retenez 2 que vous porterez à la deuxième colonne, ensuite 2 de retenus et 1 font 3 et 1 font 4 et 1 font 5.

Votre opération ainsi faite, vous trouverez pour somme totale 56 aun. $\frac{1}{3}$.

SOUSTRACTION DES FRACTIONS.

Si les fractions ont le même dénominateur, on aura leur différence en prenant celle des numérateurs et en donnant au reste le dénominateur commun. Mais si les fractions ont des dénominateurs différens, par exemple s'il s'agit de retrancher $\frac{3}{4}$ de $\frac{4}{5}$ il faudra les réduire au même dénominateur par la méthode que nous avons indiquée en parlant de l'addition, on échangera ainsi les deux fractions précédentes en $\frac{15}{20}$ et $\frac{16}{20}$ dont la différence est $\frac{1}{20}$.

Exemple.

Si de 37 aunes 1 quart vous ôtez 15 aunes trois quarts, combien en doit-il rester.

Elle se pose comme une soustraction ordinaire.

Opération.

Qui de	37 aunes	$\frac{1}{4}$
ôte	15	$\frac{3}{4}$
reste	21 aunes	$\frac{1}{2}$

Pour faire cette opération, dites : qui d'un quart ôte trois ne peut, j'emprunte sur la colonne des aunes une aune qui vaut quatre quarts et 1 font 5, ensuite qui de 5 ôte 3 reste 2 qui font une demie, ensuite qui de 6 ôte 5 reste 1, enfin qui de 3 ôte 1 reste 2, ce qui donne pour différence 21 aunes et demie.

Si les fractions qui sont unies aux entiers n'avoient point le même dénominateur, il faudroit les y réduire avant de faire l'opération.

Supposons par exemple qu'on veuille retrancher 15 $\frac{3}{4}$ de 37 aunes $\frac{1}{3}$, je réduis d'abord les deux fractions $\frac{3}{4}$ et $\frac{1}{3}$ au même dénominateur, en multipliant les deux termes de chacune par le dénominateur de l'autre, je les change ainsi en $\frac{9}{12}$ et $\frac{4}{12}$, conséquemment la question est ramenée à trouver la différence de 37 aunes $\frac{4}{12}$ à 15 aunes $\frac{9}{12}$; ce qui rentre dans l'exemple précédent.

MULTIPLICATION DES FRACTIONS.

On multiplie une fraction, ou en multipliant son numérateur ou en divisant son dénominateur. Supposons qu'on ait $\frac{7}{8}$ à multiplier par 2, on y parviendra ou en multipliant le numérateur 7 par 2, ce qui donne pour produit $\frac{14}{8}$, ou en divisant le dénominateur 8 par 2, ce qui donne $\frac{7}{4}$; en effet dans le premier cas, les parties restant les mêmes, on en prend deux fois autant qu'il en entre dans la fraction qu'on veut multiplier. Dans le second le nombre de parties reste le même; mais elles sont deux fois plus grandes.

Réciproquement, pour diviser une fraction, il faut diviser son numérateur ou multiplier son dénominateur : telle est la règle qu'il faut suivre toutes les fois que le nombre par lequel on doit multiplier la fraction est un nombre entier ; mais si le multiplicateur est lui-même une fraction, alors il faut, pour avoir le produit, multiplier les deux numérateurs l'un par l'autre, et donner à ce résultat pour dénominateur le produit de ceux des deux fractions qu'on veut multiplier.

Supposons, par exemple, qu'il s'agit de multiplier $\frac{3}{4}$ par $\frac{2}{3}$, il faut se rappeler ce que nous avons dit précédemment : multiplier, c'est prendre le multiplicande autant de fois qu'il est marqué par le multiplicateur, c'est donc prendre $\frac{3}{4}$ deux tiers de fois, ou, ce qui est la même chose, les deux tiers de $\frac{3}{4}$; conséquemment, il ne faudra pas s'étonner si le produit est plus petit que chacune des fractions qu'il s'agit de multiplier.

Reprenons l'exemple que nous nous sommes proposé : j'écris les deux fractions ainsi qu'il suit $\frac{3}{4} \times \frac{2}{3}$ (le signe $\times$ signifie à multiplier par), et je dis : supposons d'abord que ce soit par 2 que la fraction $\frac{3}{4}$ doit être multipliée, il faudra, d'après ce que nous avons dit, multiplier le numérateur par 2, ce qui donne pour produit $\frac{6}{4}$; mais j'observe que la quantité $\frac{2}{3}$ pour laquelle je dois multiplier est trois fois plus petite que 2, conséquemment le produit $\frac{6}{4}$ que j'ai obtenu est trois fois trop fort, il faut donc le diviser par 3, ce qui s'opère en multipliant son dénominateur par 3, ce qui donne $\frac{6}{12}$ égal $\frac{1}{2}$.

Cette opération, qui paroît présenter des difficultés, est néanmoins très-simple : après avoir multiplié la quantité de vos aunes, opérez pour vos fractions, comme il est expliqué plus bas.

Opération.

	17 aunes $\frac{19}{24}$	
à	26 l. 8 s. l'aune.	
	102	
	34	
	6	16 p. les 8 s.
	13	4 p. $\frac{12}{24}$ moitié de 26 l. 8 s.
	6	12 p. $\frac{6}{24}$
	1	2 p. $\frac{1}{24}$
Tl.	469 l. 14 s.	

Pour faire cette opération, commencez par multiplier vos 17 aunes par 26 liv. 8 s., prix de chacune d'elles ; ensuite prenez pour 12 vingt-quatrièmes la moitié de 26 l. 8 s., ce qui donnera

13 l. 4 s. ; ensuite pour 6 vingt-quatrièmes la moitié de 13 l. 4 s., viendra 6 l. 12 s. ; enfin pour 1 vingt-quatrième le sixième de 6 l. 12 s. viendra 1 l. 2 s. ; ensuite additionnez ensemble toutes ces sommes, vous aurez 469 liv. 14 s., prix que coûteront vos 17 aunes 19 vingt-quatrièmes, à raison de 26 l. 8 s. l'aune.

MULTIPLICATION

composée de toises, pieds et pouces.

Pour faire cette opération, il faut se rappeler ce que j'ai dit au chapitre des mesures sur leur valeur, et d'après ce on la fera sans embarras.

Première opération.

	31 toises 4 pieds 5 pouces	
à	9 l. la toise.	
	279	
	4 l. 10 s.	pour 3 pieds.
	1 10	pour 1 pied.
	10	pour 4 pouces.
	2 6 d.	pour 1 pouce.
	285 l. 12 s. 6 d.	

Je commence par multiplier la quantité de mes toises par le prix, c'est-à-dire 9 par 31, et je dis : 9 fois 1 font 9, ensuite 9 fois 3 font 27, je pose 7, et avance 2.

Ensuite je prends pour 3 pieds moitié de la toise, la moitié des 9 l., et je dis : la moitié de 9 l. est 4 l. 10 s. que je pose ; ensuite pour un pied, qui est 1 sixième de la toise, je prends le sixième de 9 l., qui est 1 l. 10 s. Ayant ainsi opéré pour les 4 pieds, je passe aux 5 pouces, je prends pour 4 pouces le tiers de 30 qui est 10, ensuite pour 1 pouce le quart du prix des 4 pouces, ce qui me donne 2 s. 6 d.

Mon opération ainsi faite, je trouve que mes 31 toises 4 pieds 5 pouces, à raison de 9 l. la toise, coûteront 285 l. 12 s. 6 d.

Deuxième opération.

	43 t.	3 pi.	7 pouces.
	à 10 l.	16 s.	
	430		
	34 l.	8 s.	
	5	8	p. les 3 p. ½ t.
Faux prod.		1 16	p. 1 pi.
	0	18	p. 6 pouces.
	0	3	p. 1 pouce.
	470 l.	17 s.	

Multiplication composée de marcs, onces et gros.

Pour faire cette opération, il faut également se rappeler ce que j'ai dit sur le chapitre des Poids.

Première opération.

14 marcs 5 onces 7 gros d'or
à 27 l. 12 s. le marc.

l.	s.	d.	
98			
28			
8	8		
13	16		pour 4 onces.
3	9		pour 1 once.
1	14	6	pour 4 gros.
	17	3	pour 2
	8	7	pour 1
406 l.	13 s.	4 d.	

Deuxième opération.

7 onces 3 gros 1 den. 12 gr. d'or
à 57 l. 16 s. l'once.

l.	s.	d.	
399			
5	12		
14	9		pour 2 gros.
7	4	6	pour 1
2	8	2	pour 1 den.
1	4	1	pour 12 grains.
429 l.	17 s.	9 d.	

Multiplication de livres pesant 16 onces.

Première opération.

l.	s.	d.	
13 l.	15 onces $\frac{1}{4}$ de cannelle		
à 9 l.	18 s. la livre.		
117			
11	14		
4	19		pour 8 onces.
2	9	6	pour 4
1	4	9	pour 2
	12	4	pour 1
	3	1	pour $\frac{1}{4}$
158 l.	2 s.	8 d.	

Deuxième opération.

Poids de 15 onces.

l.	s.	d.	
33 l.	9 onces 5 gros de soie		
à 16 l.	16 s.		
198			
33			
26	8		
5	12		pour 5 onces.
3	7	2	pour 3
1	2	4	pour 1
	11	2	pour 4 gros.
	2	9	pour 1
565 l.	5 s.	5 d.	

DIVISION DES FRACTIONS.

Nous avons vu précédemment que, pour diviser une fraction par un nombre entier, il falloit diviser le numérateur par ce nombre, ou multiplier son dénominateur par ce même nombre. Ainsi s'il s'agit de diviser la fraction $\frac{9}{11}$ par 3, on aura pour quotient $\frac{3}{11}$ ou $\frac{9}{33}$. Il est inutile de dire qu'on ne multiplie le dénominateur qu'autant que le numérateur n'est point multiple du nombre par lequel il faudroit diviser, parce qu'il faut toujours autant que possible, donner aux fractions la forme la plus simple. Ainsi, dans le cas que nous venons de considérer, il vaut mieux diviser le numérateur par 3, ce qui donne $\frac{3}{11}$, que de multiplier le dénominateur. Mais si le numérateur n'étoit point exactement divisible par 3, s'il s'agissoit, par exemple, de diviser $\frac{7}{11}$ par 3, alors il faudroit multiplier le dénominateur, ce qui donneroit $\frac{7}{33}$.

Cela posé, nous allons chercher quelle est la règle à suivre pour la division, lorsque le dividende et le diviseur sont deux fractions. Soit pour exemple $\frac{3}{4}$ à diviser par $\frac{2}{3}$, c'est-à-dire soit proposé de chercher combien de

fois

fois $\frac{3}{4}$ contient $\frac{2}{3}$. Je pose les deux fractions ainsi qu'il suit : $\frac{3}{4}$: $\frac{2}{3}$. (Le signe : signifie à diviser par), et je dis : supposons que le quotient, au lieu d'être $\frac{2}{3}$, soit seulement 2, il faudra, d'après ce que nous venons de dire, multiplier le dénominateur 4 par 2, ce qui donnera pour quotient $\frac{3}{8}$. Maintenant j'observe que ce n'étoit point par 2 que je devois diviser, mais par la quantité $\frac{2}{3}$ trois fois plus petite que 2; donc le quotient $\frac{3}{8}$ que j'ai trouvé d'après la 1re. hypothèse, est trois fois trop petit ; il faut donc le rendre trois fois plus grand. On y parviendra, en multipliant son numérateur par 3, ce qui donne pour quotient de $\frac{3}{4}$ par $\frac{2}{3}$, $\frac{9}{8}$ égale 1 plus $\frac{1}{8}$. On peut s'assurer de la vérité de ce résultat, en multipliant le quotient $\frac{9}{8}$ par le diviseur $\frac{2}{3}$; on doit retrouver le dividende de $\frac{3}{4}$. En effet on a, d'après les règles indiquées plus haut pour la multiplication des fractions ; pour produit de $\frac{8}{9}$ par $\frac{2}{3}$, $\frac{18}{24}$. Mais on peut diviser les deux termes de cette fraction par 6 sans rien changer à sa valeur, parce que si d'un côté on prend six fois moins de parties, en revanche ces parties sont six fois plus fortes. On trouve $\frac{3}{11}$ pour résultat, ainsi que nous l'avons annoncé. Réciproquement la preuve de la multiplication de fractions se fait en divisant le produit par l'un des facteurs; si l'opération est exacte, on doit trouver l'autre facteur.

Il suit de ce que nous venons de dire, que, pour diviser une fraction par une autre fraction, il faut multiplier le numérateur de la fraction dividende par le dénominateur de la fraction diviseur, et donner à ce résultat, pour dénominateur, le produit du le dénominateur de la fraction dividende par le numérateur de la fraction diviseur; ou, ce qui revient au même, renverser la fraction diviseur, et opérer ensuite comme si l'on vouloit multiplier. Ainsi, dans l'exemple précédent, je mettrois les deux fractions $\frac{3}{4} : \frac{2}{3}$ sous la forme $\frac{3}{4} \times \frac{3}{2}$, ce qui donne en multipliant, $\frac{9}{8}$.

La même chose auroit lieu si le dividende, au lieu d'être une fraction, étoit un nombre entier, parce qu'il est toujours censé avoir pour dénominateur l'unité. Ainsi s'il s'agissoit de diviser 2 par $\frac{3}{4}$, je renverserois la fraction $\frac{3}{4}$ qui me donnera $\frac{4}{3}$, que je multiplierai ensuite par le dividende 2, ce qui me donnera $\frac{8}{3}$ pour quotient de 2 par $\frac{3}{4}$, c'est-à-dire que 2 contient $\frac{3}{4}$ 8 tiers de fois, ou, ce qui est la même chose, 2 fois plus $\frac{2}{3}$ de fois.

Ce qui précède suffit pour mettre à même de faire avec facilité toutes les opérations qui peuvent se présenter sur les fractions.

Des proportions.

On entend par raison ou rapport le résultat de la comparaison de deux quantités.

Si on a pour objet de savoir combien l'une des quantités l'emporte sur l'autre, ce résultat s'appelle rapport arithmétique. Si l'on cherche combien de fois l'une contient l'autre, on l'appelle rapport géométrique. Nous ne nous occuperons que de ceux-ci, parce que leur application est d'un usage plus habituel. Ainsi si l'on compare les quantités 8 et 4, le nombre 2 qui indique combien la première contient la seconde, est la raison ou le rapport de ces deux quantités.

On dit que 4 quantités sont en proportion, lorsqu'elles sont telles que la première contient la seconde autant de fois que la troisième contient la quatrième. Les quatre quantités 12, 6, 8, 4, sont en proportion, parce que 12 contient 6 autant de fois que 8 contient 4. On a coutume de les écrire ainsi,

12 : 6 : 8 : 4, c'est-à-dire 12 contient 6 comme 8 contient 4, ou 12 est à 6 comme 8 est à 4. Les nombres 12 et 4 s'appellent les extrêmes d'une proportion ; ceux du milieu s'appellent les moyens. Les nombres 12 : 6 forment ce qu'on appelle la première raison de la proportion ; 8 : 4 composent la seconde.

On distingue les termes d'une proportion par premier, second, troisième, quatrième, en raison de la place qu'il occupe.

Chaque raison est composée de deux termes ; le premier qu'on appelle antécédent, et le second qu'on appelle conséquent. 12 est l'antécédent de la première raison; 4 est le conséquent de la seconde. Je place ici ces définitions, afin d'être facilement entendu, lorsque je me servirai de ces termes.

Principe.

Lorsque 4 quantités sont en proportion, le produit des moyens est toujours égal au produit des extrêmes. Il suit de là que, si trois des 4 termes d'une proportion sont donnés par l'énoncé d'une question, on trouvera toujours le quatrième, en multipliant les deux moyens, si c'est un extrême que l'on cherche, et en divisant ensuite par l'extrême connu, le quotient sera le terme cherché.

Démonstration.

Reprenons la proportion 12 : 6 : 8 : 4, que nous avions tout-à-l'heure ; il est clair que, si les antécédens étoient égaux aux conséquens dans chacune des raisons, c'est-à-dire si l'on avoit 12 : 12 : : 8 : 8, il est évident, dis-je, que le produit des extrêmes seroit égal au produit des moyens, puisqu'on auroit, d'une part, 12 multiplié par 8., et de l'autre 8 multiplié par 12. Or, il est clair que l'égalité subsistera encore, si l'on divise ces deux produits par un même nombre, ou seulement l'un des deux facteurs conséquens. Si l'on remplace les conséquens 12 et 8 par les conséquens 6 et 4 qui sont dans la première proportion (ce qui est la même chose que si l'on divisoit le facteur 12 du premier produit par la raison, et le facteur 8 du second également par la raison), les produits 6 multiplié par 8 et 12 multiplié par 4 seront encore égaux ; ce qu'il faut démontrer.

7...

Il est facile de voir que cela aura lieu, quels que soient les nombres qui composent la proportion.

Réciproquement si les quantités sont telles, que le produit de deux d'entre elles soit égal au produit des deux autres, les deux premières peuvent former les moyens d'une proportion dont les deux secondes seroient les extrêmes.

Conséquemment on peut, dans une proportion, changer les moyens et les extrêmes de place, mettre les moyens à la place des extrêmes, et réciproquement, sans qu'il cesse d'y avoir proportion, puisque les produits des extrêmes et des moyens seront toujours égaux.

C'est sur le principe que nous venons de démontrer, que sont fondées toutes les règles de trois, de société, d'intérêt, d'escompte, etc. dont nous parlerons par la suite, et qui sont d'un usage si fréquent dans la société. Il est donc important de se bien pénétrer de sa vérité, et de se familiariser avec lui. Les règles dont nous venons de parler n'en sont que de simples applications.

REGLE DE TROIS.

Proposons-nous d'abord cette question : 16 aunes de marchandise ont coûté 29 liv., combien coûteront 45 aunes ? Il est clair qu'il faudra payer d'autant plus que la quantité de marchandise que l'on veut acheter sera plus considérable. Ainsi, si la quantité qu'on veut acheter est double, triple, etc., de celle qu'on a déjà, il faudra payer une somme double ou triple du prix de celle-ci. Les sommes sont donc entre elles comme des quantités de marchandise dont elles sont les prix. Elles forment donc avec elles des proportions. Or, trois de ces termes sont donnés par l'état de la question ; savoir : 16 aunes, 29 liv. 45 ; conséquemment, si l'on pose la proportion 16 : 45 :: 29, il ne s'agira plus, pour avoir le prix de 45 aunes, que de trouver le quatrième terme de cette proportion. Or, nous avons démontré précédemment que, dans toute proportion, le produit des extrêmes est égal au produit des moyens : conséquemment, si l'on divise le produit des moyens par un des extrêmes, on aura l'autre pour quotient. Donc, si, dans l'exemple dont il s'agit, on multiplie l'un par l'autre les deux moyens 45 et 29, et qu'on divise le produit par l'extrême connu 16, on aura pour quotient le prix des 45 aunes.

Opération.

```
16 : 45 :: 29 :
        29
      ----
       405
        90  { 16
      ----  {------------------
      1305  { 81 l. 11 s. 5 d., prix
        25       des 45 aunes.
         9
        20
      ----
       180
        20
         4
        12
      ----
        48
```

Ce qui donne 81 liv. 11, s. 3 d. pour prix des 45 aunes.

Pour s'assurer de l'exactitude de l'opération, il faut voir s'il y a proportion, c'est-à-dire si le produit des extrêmes est égal au produit des moyens. Or, 16 multiplié par 81 l. 11 s. 3 d. donne pour produit 1305 ; 45 par 29 donne également 1305. Donc l'opération est bonne, puisque les prix sont en proportion avec les quantités de marchandise qu'ils représentent. On auroit pu, après s'être assuré de l'exactitude du produit 1305, vérifier le quotient 81 l. 11 s. 3 d. par la règle ordinaire.

Deuxième opération.

27 toises d'ouvrage ont coûté 12 liv, 15 sous, combien 42 toises coûteront-elles ?

Il est clair que le prix des 42 toises contiendra 12 l. 15 s. prix des 27 toises autant de fois que 42 contient 27. Conséquemment, il sera le quatrième terme d'une proportion dont sont ceux-ci :

27 : 42 :: 12 l. 15. s. :

Donc, si l'on multiplie 12 l. 15 s. par 42, et qu'on divise le produit par 27, on aura pour quotient le prix des 42 toises.

Opération.

27 : 42 :: 12 l. 15 s.
42
210
42
63|0
31 l. 10 s.
84
42
535 l. 10 s. { 27
265 { 19 l. 16 s. 8 d.
22 que coût. les 42 t.
20
450
180
18
12
36
18
216

Ce qui donne d'abord 19 l. et 22 de reste, qu'il faut multiplier par 20 pour réduire en sous, puis y ajoutant les 10 s. du dividende, vous continuez la division à l'ordinaire, et vous trouvez 19 l. 16 sous 8 den. pour prix de vos 42 toises.

La preuve se fait, comme nous l'avons dit, en s'assurant s'il y a proportion, c'est-à-dire si le produit des extrêmes est égal au produit des moyens.

On pose souvent ainsi la proportion.

Si 27 toises coûtent 12 l. 15 s. combien coûteront 42 toises? Et on opère comme nous l'avons dit. Il est facile de voir que le quatrième terme sera toujours le même, puisqu'on ne fait que changer les moyens de place, ce qui ne change rien, comme nous l'avons vu. Seulement nous pensons qu'il est plus naturel de comparer les quantités de même espèce, et dire que 27 toises sont contenues dans 42 t. comme 12 l. 15 s. sont contenus dans un quatrième terme qu'il s'agit de trouver, et qui est le prix des 42 toises. Cependant cette manière de poser la règle de trois étant très-usitée, nous en donnerons quelques exemples. On sera toujours le maître d'adopter celle qu'on trouvera la plus commode ou la plus naturelle. L'observation que nous venons de faire n'a pour but que de montrer que l'on arrive au même résultat dans l'un et l'autre cas.

Troisième opération avec livres, sous et deniers.

Si 15 marcs d'argent coûtent
25 l. 15 s. 1 d. combien 35?
35

35

2 s. 11 d.
175
35
52|7

26 l. 7 s. 11 d.
125
75

901 l. 7 s. 11 d. { 15 / 60 l. 1 s. 10 d
1
20

27
12
12

24
12
11

155
5

Pour

Pour faire cette opération, qui ne diffère de la deuxième que par les deniers, ce qui reste du dividende des sous, tels que 12 s., vous les multipliez par 12, ce qui vous donnera 144, qui, avec 11 deniers du dividende, font 155, que vous diviserez par 15, diviseur de l'opération ; il reste 5 que vous négligez, et dont il faut tenir compte en faisant la preuve.

Sa preuve.

La preuve se fait comme nous l'avons dit plus haut.

Il arrive souvent que la question ne peut être immédiatement résolue par une règle de trois ; c'est ce qui arriveroit, par exemple, si l'on proposoit celle-ci :

Une marchandise a été achetée 324 l. elle a été revendue 397 l.; on demande combien on a gagné pour 100.

Il est évident que, si on soustrait de la somme 397 liv. qu'on l'a vendue, celle 324, on aura le gain

de	397 l.	
ôtez	324	
reste	73 liv.	pour bénéfice.

Maintenant il est clair que le bénéfice pour cent sera contenu dans 73 liv. autant de fois qu'il y a de fois 100 dans 324 ; ce sera donc le quatrième terme de cette proportion, 324 : 100 :: 73 : ou, ce qui est la même chose, le résultat de

Si 324 donnent 73 l. de bénéfice,
combien 100 donneront-ils ?

```
 7300 { 324
  820 { 22 l. 10 s. 7 d.
  172
   20
 ----
 3440
  200
   12
 ----
  400
  200
 ----
 2400
  132
```

Ce qui donne 22 l. 10 s. 7 d. de bénéfice pour 100.

La preuve se fait comme elle a été indiquée.

RÈGLE DE TROIS INVERSE.

On appelle règle de trois inverse celle dans laquelle le nombre qu'il s'agit de trouver doit être d'autant plus petit que celui qui lui est lié immédiatement par l'état de la question est plus considérable.

Dans le premier exemple, nous avons vu que, plus le nombre d'aunes étoit grand, plus la somme qu'il falloit payer devoit être grande ; le prix croît donc comme le nombre d'aunes qu'il faut acquitter (c'est ce qu'on appelle une règle de trois directe) ; mais s'il s'agissoit de résoudre une question telle que celle-ci : on a tiré 150 exemplaires d'un ouvrage ; chaque exemplaire contient 12 feuilles, combien a-t-on employé de rames de papier de 500 feuilles chacune? il est clair, dans ce cas-ci, que le nombre de rames qu'il s'agit de trouver est d'autant plus petit qu'elles contiennent un plus grand nombre de feuilles, il sera donc contenu dans 1500 autant de fois que 12 est contenu dans 500. Conséquemment on le trouvera, en calculant le quatrième terme de cette proportion.

500 : 12 :: 1500
12
―――――
3000
1500
―――――
18000 ⎰ 500
3000 ⎱ 36 rames.
000

Ce qui donne 36 rames pour résultat.

On peut se convaincre immédiatement de la marche que nous avons suivie. En effet, si l'on multiplie le nombre 1500 exemplaires par le nombre de feuilles contenues dans chacun d'eux, il est clair qu'on aura le total des feuilles employées ; maintenant il y a 500 feuilles dans chaque rame : donc si on divise le nombre total de feuilles par 500, on aura le nombre des rames. C'est précisément ce que nous avons fait.

RÈGLE DE COMPAGNIE.

On appelle règle de compagnie celle qui a pour objet de déterminer le gain en la perte de plusieurs associés, en raison de la somme qu'ils ont versée dans la caisse de la société.

Exemple.

Trois marchands ont formé un fonds sur lequel ils ont profité de 8425 liv.

Le premier a mis . . 25 liv.
Le second a mis. . . 64
Le troisième a mis. . 59

On demande combien il leur revient à chacun en raison de leur mise.

Ajoutez ensemble toutes les mises, vous aurez 148 liv.

La question est donc celle-ci :

1°. 148 ont rapporté 8425 l., combien 25 rapporteront-ils ? Le résultat donnera la part du premier.

2°. 148 l. ont donné 8425 de bénéfice, combien donneront 64? Le résultat sera la part du second.

3°. 148 ont donné 8425, combien 59 ? On aura la part du troisième.

Si l'opération est bonne, la somme de toutes les parts doit être égale au gain qui est ici 8425 liv.

Première opération.

Premier associé.

Si 148 donnent 8425 l. combien 25 ?

```
       25
    ------
    42125
   16850
   -------
   210625 { 148
    626   { ----------------
     342    1423 l. 2 s. 10 d.
      465
       21
       20
     ------
      420
      124
       12
     ------
      248
     124
    ------
    1488
```

8 d. restans à joindre au 2e. associé.

Deuxième associé.

Si 148 l. donnent 8425 l. combien 64?

```
        64
      ------
      33700
     50550
     ------
     539200 { 148
      952   { 3643 l. 4 s. 10 d.
       640
        480
         36
         20
      ------
        720
        128
         12
      ------
        256
       1288
      ------
       1544
```

64 den. restans à joindre au 3e. associé.

Troisième associé.

Si 148 l. donnent 8425 l. combien 59 ?

```
            59
        ---------
         75825
        42125
        ---------
        497075 { 148
          530  { 3358 l. 12 s. 4 d.
           867
           1275
             91
             20
        ---------
           1820
            340
             44
             12
        ---------
             88
             44
             64
        ---------
            592
```

Sa preuve.

La preuve se fait en additionnant ensemble les parts de chaque associé, dont le produit doit égaler la somme totale du profit, sans reste.

Opération.

Le 1er aura pour sa part	1423 l.	2 s.	10 d.
Le 2e.	3643	4	10
Le 3e.	3358	12	4
	8425 l.	0	0

Il arrive souvent qu'un ou plusieurs associés retirent, après un certain temps, en tout ou en partie, la somme qu'ils ont versée, ou qu'ils n'entrent dans la société qu'après qu'elle a été formée. Or, il est clair que, dans ce cas, on doit considérer non seulement la somme qu'ils ont versée dans la caisse, mais encore le temps que cette somme a été à la disposition de la société.

Supposons, par exemple, qu'il s'agit de trouver les parts qui reviennent à trois associés qui ont gagné 517 liv. au moyen des sommes suivantes.

Le premier a mis 54 l. qui sont restées pendant six mois.

Le second a mis 38 l. qui sont restées pendant onze mois.

Enfin le troisième a mis 49 l. pendant un an.

On ne peut, dans ce cas, déterminer la part de chacun immédiatement par une règle de trois, il faut auparavant ramener les mises à une même unité de temps. Or, on y parviendra, en observant que 54 l. restées pendant 6 mois à la société, sont la même chose que 6 fois 54 l. ou 324 l. qui ne seroient restées que pendant un mois;

Que 38 l. pendant 11 mois sont la même chose que 11 fois 38 ou 418 l. pendant 1 mois;

Enfin, que 49 livres, pendant 1 an, équivalent à 588 l. pendant 1 mois. La question est donc réduite à celle-ci:

Trois associés ont mis,

Le 1er. . 324 liv.		
Le 2e. . . 418	}	pendant un mois.
Le 3e . . 588		

Ils ont gagné, pendant ce temps, 517 l., combien revient-il à chacun? Ce qui rentre dans le premier exemple que nous avons fait.

Ces deux exemples suffisent pour mettre à portée de faire toutes les règles de compagnie qui peuvent se présenter, quelque compliquées qu'elles paroissent d'abord; on pourra toujours, avec un peu d'attention, les ramener, comme nous l'avons fait tout-à-l'heure, au cas du 1er. exemple.

Ils doivent encore faire sentir combien il est important de se bien pénétrer des propriétés des proportions que nous avons exposées plus haut ; toutes les règles que nous avons faites jusqu'ici, et celles qui vont suivre, n'étant elles-mêmes autre chose que des proportions.

RÈGLE DE TROC ou D'ÉCHANGE.

Cette règle appartient également aux marchands.

Troquer ou échanger, c'est donner une marchandise pour une autre, suivant convention de surplus en sus de la marchandise.

Exemple.

Un marchand a du drap qu'il veut vendre, argent comptant, 13 l. 10 sous l'aune, ou bien troquer avec une autre marchandise.

L'autre a du velours qu'il veut vendre, argent comptant, 7 l. 4 s. l'aune, et en troc 7 l. 18 s.

Combien le marchand de drap doit-il vendre son drap en troc, à raison de 13 l. 10 s. l'aune comptant, sur ce que l'autre augmente de 14 s. en troc?

D'abord réduisez en sous les deux premiers prix de velours, qui sont connus, savoir 7 l. 4 s. argent comptant, et 7 l. 18 s. en troc.

Ensuite réduisez en sous le seul prix du drap, qui est 13 l. 10 s. argent comptant; maintenant, afin de savoir ce que l'on doit payer en troc, dites par une règle de trois.

Si 144 s. produit des 7 l. 4 s. donnent 158 s. produit des 7 l. 18 s., combien 270 s. produit des 13 l. 10 s. ?

Opération.

Si 144 s. donnent 158, combien 270 ?

```
        270
      -------
      11060
        316   { 144
    ---------  -------------
      42660   { 296 s.  3 d.
      1386
        900
         36
         12
      -------
         72
         36
      -------
        432
```

Cette opération ainsi faite, vous trouvez 296 s. 3 d., qui est le prix que le marchand doit vendre son drap ; cela ainsi fait, réduisez les 296 s. 3 den. en livres,

livres, il viendra 14 livres 16 sous 3 deniers.

29|6 s. 3 den.

14 l. 16 s. 3 d. prix du drap.

Sa preuve.

Elle se fait par une règle de trois.

RÈGLE D'INTÉRÊT.

L'intérêt est une somme que l'on retient sur une autre somme prêtée ou avancée ; cette règle se fait par tous les marchands, banquiers ou agens-de-change.

Soit proposé de trouver l'intérêt de 4971 l. à raison de 8 $\frac{1}{3}$ pour cent, dites en général :

Si 100 l. doivent 8 l. $\frac{1}{3}$, combien devront 4971 l. ?

Dans ce cas, où l'intérêt 8 $\frac{1}{3}$ est le douzième de 100, on obtiendra de suite celui de 4971 l. en prenant le douzième de cette somme, ou, ce qui revient au même, en prenant d'abord le quart, puis ensuite le tiers de ce quart.

4971 l.
1242 15 s. le quart.
414 5 le tiers ou montant de l'intérêt.

RÈGLE DU CHANGE.

Le change est un profit que l'on tire d'une somme remise par lettre de change ou en argent comptant, mais pour un temps limité.

Elle se fait par une règle de trois.

Exemple.

Il est dû le change ou intérêt à raison de 6 $\frac{1}{4}$ pour cent de la somme de 3843 liv.; ainsi dites:

Opération.

Si 100 donnent 6 l. $\frac{1}{4}$, combien 3843?

```
  3843
  ----------
 23058
    960 l. 15 s.
  ----------
 24018 l. 15 s. { 100
                { -------------
   401          { 240 l. 3 s. 9 d.
    18
    20
  ------
   375
    75
    12
  ------
   150
   75
   900
```

RÈGLE D'ESCOMPTE.

L'escompte est un profit qu'on déduit d'une somme due, en venant payer comptant avant l'échéance ou le terme que l'on devoit payer, qui est un temps limité.

Supposons qu'il soit question d'escompter la somme de 13,320 l. à raison de $12 \frac{1}{2}$ pour 100.

L'usage étant de rabattre l'escompte dans le cent, dites :

Si sur cent on diminue $12 \frac{1}{2}$, combien sur 13,320 diminuera-t-on? vous aurez ainsi le profit de l'escompte : retranchant cette somme de 13,320, on aura celle qui doit être payée. On auroit pu la trouver immédiatement en disant, si 100 se réduisent à $87 \frac{1}{2}$, à combien se réduiront 13,320?

Dans le cas particulier où l'escompte $12 \frac{1}{2}$ est le huitième de 100, on peut trouver de suite le profit de l'escompte en divisant pas 8 la somme proposée.

13320	8
53	1665 l.
52	
40	

RÈGLE DE TARE.

On se sert de cette règle, lorsqu'il arrive qu'une marchandise est gâtée, ou qu'elle est enveloppée de toile, cordes, caisse, etc., pour le poids desquelles il faut faire la diminution d'autant de poids qu'il s'en trouve ; ce qu'on évalue à certain nombre de livres par cent.

Exemple.

Une balle de marchandise est du poids de 468 livres, ôtez 7 pour cent de tare, combien restera-t-il ?

Opération.

Dites par une règle de trois :

Si 107 l. ne valent que 100 l., combien 468 l. vaudront-elles ?

Votre opération faite, il viendra 437 l. 6 onces.

Si la tare se prend dans le cent, il faut dire : si 100 se réduisent à 93, à combien 468 se réduiront-ils ?

RÈGLE D'ALLIAGE.

La règle d'alliage a pour objet de trouver le prix moyen de plusieurs marchandises que l'on veut mélanger ensemble, connoissant le prix de chacune en particulier.

Exemple.

Un marchand a quatre espèces de marchandises ; savoir : de la céruse, du blanc de plomb, de la potasse et de l'orpin ; il veut les mélanger dans les proportions suivantes pour en faire une composition.

32 l. de céruse, à	15 s.
11 l. blanc de plomb, à . .	13
15 l. potasse, à.	6
12 l. orpin, à.	2
70 l.	

On demande combien il doit vendre ce nouveau composé ?

Je multiplie d'abord le nombre de livres de chaque objet par leur prix, afin d'avoir celui de chaque objet en particulier.

Premier article.	*Deuxième article.*
32 l.	11 l.
à 15 s.	à 13 s.
160	33
32	11
480 s.	143 s.
Troisième article.	*Quatrième articl.*
15 l.	12 l.
à 6 s.	à 2 s.
90 s.	24 s.

9...

Cela fait, j'additionne ensemble ces quatre prix, ce qui me donne le prix total; ajoutant ensuite le nombre de livres pour avoir le poids total de la composition, je divise ce prix total par le poids total, ce qui me donne le prix particulier de chaque livre.

1er. article 480 s.
2e. . . . 143
3e. . . . 90
4e. . . . 24

Total 737 s.

Ensuite je divise

737 s. par { 70
10 s. 6 den.

prix auquel lui revient la livre.

RÈGLES DU CENT ET DU MILLE.

Les règles du cent et du mille se font en général en multipliant le prix de chaque unité par cent ou par mille; mais lorsque ce prix est donné en sous, on peut obtenir immédiatement le prix du cent en livres, en multipliant le nombre de sous par 5. En effet, si l'on multiplioit par 100, on auroit en sous le prix des 100, qu'il faudroit diviser par 20, pour le réduire en livres; ce qui est la même chose que si l'on avoit tout de suite divisé par 20 le nombre cent par lequel il faut multiplier, c'est-à-dire ne multiplier que par 5.

Exemple.

à 37 s. la chose, combien
5 le cent pesant?

185 livres.

S'il falloit trouver le prix des mille, il faudroit multiplier par 50, attendu que le mille est 10 fois plus grand que le cent.

Il est inutile d'observer que l'on ne peut se servir de cette règle, qu'autant que les prix de l'unité sont donnés en sous. S'ils n'y étoient pas, s'il y avoit, par exemple, 3 l. 17 sous, il faudroit auparavant les réduire en sous, ou les multiplier tout de suite par 100, comme nous l'avons dit.

DES

NOUVELLES MESURES,

Et de l'avantage résultant de leur uniformité et de leur subdivision en parties décimales.

Nous avons dit que l'unité étoit une grandeur arbitraire qu'on prenoit pour mesurer les quantités de mêmes espèces. Si cette unité avoit été la même dans tous les lieux, les anciennes mesures n'auroient eu aucun autre inconvénient que celui résultant de la diversité de leurs divisions ; mais elles avoient encore le désavantage, bien qu'elles portassent le même nom, et qu'elles fussent destinées au même usage, d'être bien différentes pour chaque lieu en particulier, de sorte que celui qui achetoit des marchandises dans un lieu pour les vendre dans un autre, étoit obligé de les rapporter à une commune mesure, au moyen de tables de comparaison qu'il avoit à cet effet. Ainsi, indépendamment des calculs qu'entraînoit cette transformation, des tables de rapports qu'elles nécessitoit pour soulager, elle exposoit encore à commettre des erreurs.

Un inconvénient aussi grave étoit généralement senti; et on y eût sans doute remédié depuis long-temps, sans l'extrême difficulté qu'on éprouve à introduire tout ce qui ne s'accorde point avec nos habitudes. Enfin la Convention nationale décréta qu'on établiroit l'uniformité de poids, de mesures, etc. dans toute l'étendue de la république française. Restoit à déterminer quelle seroit l'unité que l'on adopteroit pour chaque espèce de mesure. La difficulté où l'on est quelquefois d'établir le rapport entre les mesures des anciens et les nôtres, et conséquemment d'avoir une idée des grandeurs qu'ils nous ont transmises, fit sentir la nécessité d'adopter pour unité principale une grandeur qu'on pût retenir dans tous les temps. Or, cette grandeur invariable ne pouvoit évidemment se trouver que dans la nature; c'est pourquoi on convint d'adopter pour unité de mesure linéaire la dix-millionième partie du quart du méridien de la terre ou la quarante-millionième partie de son contour. On a donné à cette unité principale le nom de mètre qui signifie mesure. On a rendu les autres invariables comme elle, en les faisant dépendre de celle-ci. Nous verrons ci-après les relations qu'elles ont entre elles.

L'uniformité des mesures étant ainsi établie d'une manière invariable, il restoit encore à déterminer la manière la plus simple et la plus commode de subdiviser l'unité principale. Or, on sait qu'indépendamment de la difficulté résultant de la diversité des mesures, selon les différens pays, il en existoit une considérable qui rendoit les calculs extrêmement difficiles, et qui consistoit dans la difformité des divisions que l'on avoit adoptées. En effet il falloit à chaque instant se rappeler que la toise étoit divisée en 6 pieds, le pied en 12 pouces, le po. en 12 lignes, la lig. en 12 points; que l'aune étoit divisée en demi-aune, quarts, etc.; que la livre l'étoit en 16 onces, l'once en 8 gros, le gros en 72 grains, etc. Ce qui fatiguoit la mémoire, et exposoit sans cesse à commettre des erreurs, en tant que ces divisions varioient comme l'espèce d'unité qu'on avoit à calculer. Il étoit donc important de fixer le nombre qui indiqueroit en combien de parties chaque unité principale seroit divisée, de manière qu'il fût le même pour toutes, et qu'il se portât le plus facilement aux calculs Or, le nombre 10 est, sans contredit, celui qui est le plus commode dans le système de la numération qui est généralement adopté. Si l'on avoit adopté 12 caractères différens, pour représenter tous les nombres, et qu'on fût convenu que tout chiffre placé à la droite d'un autre le rendroit 12 fois plus fort, c'est le nombre 12 qu'il auroit fallu prendre. Ces divisions de l'unité ont été appelées décimales.

Pour évaluer en décimales toutes les fractions de l'unité, on conçoit que l'unité principale est divisée en 10 parties que l'on appelle dixièmes. On les représente par les mêmes chiffres que les unités, et pour ne point les confondre avec elles, on les place à leur droite, et on les en sépare par une virgule. Ainsi, pour marquer trois unités quatre dizaines, on écrit 3,4. Il faut faire attention de ne point négliger à écrire la virgule, sans quoi on ne pourroit plus distinguer les unités entières des fractions décimales.

Maintenant on peut regarder de même les dixièmes comme des unités composées de dix autres plus petites, et conséquemment cent fois plus petites que l'unité principale, et auxquelles on a donné le nom de centièmes, et qu'on placera par analogie à la droite des dixièmes. Ainsi pour marquer trois unités, quatre dixièmes et six centièmes, on écrira 3,46.

En continuant de subdiviser de la même manière ces fractions successives, on formera ainsi les millièmes, dix-millièmes, qu'on placera, suivant leur grandeur, dans des rangs plus ou moins reculés à la droite de la virgule.

La manière d'énoncer ces espèces de nombres est la même que par les nombres entiers; il suffit, après avoir lu ceux qui sont à la gauche de la virgule, d'énoncer ceux qui sont à droite, en ajoutant le nom des décimales ou des chiffres. Ainsi pour énoncer 34,526, on dira trente-quatre unités, cinq cent vingt-six millièmes.

En effet, le chiffre 5 marque cinq dixièmes ou cinquante centièmes ou 500 millièmes; le chiffre 2 marque 2 centièmes ou 20 millièmes; enfin, le chiffre 6 marque six millièmes. Le nombre 34,526 marque donc 34 unités plus 5 dixièmes, plus 2 centièmes, plus

6 millièmes

6 millièmes; ou 34 unités plus cinq cent vingt-six millièmes.

Si l'on n'avoit à écrire que des décimales, alors il faudroit mettre un zéro à la place des unités qu'on sépareroit par une virgule des quantités décimales. Ainsi, si l'on avoit à écrire 34 centièmes, on mettroit 0,34. Enfin s'il n'y avoit point de dixièmes, il faudroit mettre à la place du chiffre qui les représente un zéro, afin de donner aux centièmes leur véritable valeur, attendu qu'ils doivent toujours occuper le second rang à droite de la virgule. Ainsi, quatre centièmes s'écrivent par 0,04.

Nous allons examiner maintenant quels sont les changemens qui peuvent résulter dans un nombre par le simple déplacement de la virgule.

Nous venons de voir que la grandeur des décimales dépendoit du rang qu'elles occupoient relativement à la virgule. Il suit de là que, si on avance la virgule d'un chiffre vers la droite, on rendra le nombre dix fois plus fort. En effet, les unités deviendront des dizaines, les dizaines des centaines, etc. les dixièmes deviendront des unités, les centièmes des dixièmes, les millièmes des centièmes, et ainsi de suite. Ainsi 345,26 est dix fois plus fort que 34,526. En effet chaque partie est 10 fois plus forte que dans celui-ci. Par la même raison, le déplacement de la virgule de 2 ou 3 chiffres vers la droite rendra le nombre 100 fois ou mille fois plus grand ; et réciproquement le déplacement de la virgule d'un, deux ou trois chiffres, rendra le nombre dix fois, ou cent fois plus petit, puisque toutes les parties deviendront 10 fois, ou 100 fois, ou mille fois plus petites. Il suit de là que, pour multiplier un nombre par 10, par 100, etc., il suffit d'avancer la virgule d'un ou deux chiffres vers la droite : il faut faire le contraire pour le diviser.

Nous terminerons cet article sur les décimales, en faisant voir qu'on n'en change point la valeur, quel que soit le nombre des zéros qu'on ajoute à la droite. Ainsi 3,45 est la même chose que 3,450. En effet, 4 dixièmes est la même chose que 40 centièmes ou 400 millièmes ; 5 centièmes est la même chose que 50 millièmes : donc 45 centièmes est égal à 450 millièmes.

Avant de nous occuper du calcul des quantités décimales, nous allons exposer succinctement la désignation des poids et mesures généralement adoptées, et nous indiquerons non seulement les rapports qu'elles ont avec le mètre sur lequel elles sont basées, mais encore avec celles dont on se servoit avant elles.

Du rapport des nouvelles mesures avec les anciennes.

Il y a cinq sortes de nouvelles mesures, le mètre, le litre, le gramme, le stère et l'are, qui remplacent les anciennes, comme il suit : le mètre remplace toutes les mesures linéaires ou de longueur, telles que la toise et l'aune.

Le litre remplace toutes les mesures de capacité tant pour les liquides que pour les matières sèches ; il tient lieu de la pinte et du litron. Sa grandeur est celle du décimètre cube.

Le gramme remplace toutes les espèces de poids Il est égal au poids d'un centimètre cube d'eau distillée, pesée à la température de la glace fondante.

Le stère remplace les mesures pour le bois de chauffage, c'est le mètre cube.

L'are remplace les mesures agraires, telles que l'arpent, la perche, etc. ; c'est un carré qui a dix mètres de côté et qui contient conséquemment cent metres carrés.

DU MÈTRE.

Le mètre est, comme j'ai dit plus haut, l'étalon général de toutes les mesures, et l'unité principale sur laquelle elles sont basées; il est composé de la dix-millionième partie du quart du méridien de la terre; son contenu est d'une aune moins un sixième à peu près, il tient lieu de la toise et de l'aune, il remplace toutes les mesures linéaires, ou de longueur.

Le mètre a une infinité de subdivisions, qui toutes décroissent de dix en dix, suivant le systême de numération. Le déci-mètre, le centi-mètre et le milli-mètre sont les seuls dont on se sert pour les usages ordinaires de la société.

Le déci-mètre signifie dixième partie du mètre.

Le centi-mètre exprime la centième partie du mètre.

Le milli-mètre, sa millième partie.

Les multiples du mètre sont le déca-mètre, l'hecto-mètre, le kilo-mètre et le myria-mètre.

Le déca-mètre contient dix mètres; il tient lieu de la chaîne d'arpentage.

L'hecto-metre contient cent mètres.

Le kilo-mètre contient mille mètres, ou cinq cent treize toises.

Le myria-mètre, dix mille mètres, ou 5130 toises environ.

DU LITRE.

Le litre est l'unité principale de toutes les mesures de capacité; il sert à mesurer toutes les marchandises liquides ou sèches, telles que le vin, les grains, etc. Il contient un déci-mètre cube; tel seroit un dé à jouer qui auroit un déci-mètre en tout sens.

Il y a deux sortes de mesures de capacité en usage, qui sont le kilo-litre, et le litre.

Le kilo-litre sert pour les grands mesurages; il contient mille litres.

Le litre, qui remplace le litron et la pinte, contient une pinte plus un vingtième.

Les subdivisions du litre en usage, sont: le déci-litre et le centi-litre. On ne tient point compte des autres, à cause de leur petitesse et du peu de valeur des choses que l'on mesure le plus ordinairement.

Le déci-litre, ou dixième partie du litre, remplace le poisson.

Le centi-litre, ou centième partie du litre, remplace le petit-verre ou mesurette.

Les autres mesures qui dérivent du litre sont l'hécto-litre et le déca-litre.

L'hecto-litre remplace la mine ou le minot; il contient 100 litres.

Le déca-litre remplace le boisseau ; il contient dix litres.

DES MESURES AGRAIRES.

Les mesures agraires sont celles qui servent à mesurer les terres.

On appelle are la mesure dont on se sert pour cette opération.

L'are est l'unité principale à laquelle on compare toutes les mesures de ce genre. Il contient cent mètres carrés, un peu moins de trois perches de 18 pieds.

Les subdivisions sont de trois espèces différentes : le déci-are, le centi-are et le milli-are.

Il y a encore d'autres dénominations dans les mesures agraires, qui sont : le myri-are, le kil-are et l'hectare. Ce dernier contient 2 arpens 92 perches 5 dixièmes de perches de 18 pieds ; mais, pour éviter la multiplicité de la subdivision, on n'a conservé que l'hectare, qui vaut 100 ares, l'are, qui vaut 100 centiares, et le centiare.

DES MESURES DU BOIS DE CHAUFFAGE.

Pour mesurer le bois de chauffage, on se sert du stère et du double stère.

Le stère contient un peu plus d'une demi-voie ancienne; on peut en compter deux pour une voie.

Le double stère contient une voie plus un vingt-cinquième.

DES POIDS.

Il y a cinq sortes de poids, qui sont: le myria-gramme, le kilo-gramme, l'hecto-gramme, le déca-gramme et le gramme.

L'unité de ces poids est le gramme.

Voici le rapport qu'ils ont avec les anciens.

Le myria-gramme tient la place du poids de vingt-cinq livres; il pèse vingt livres six onces sept gros.

Le kilo-gramme tient la place de la livre pesante; son poids est de deux livres cinq gros trente-trois grains.

L'hecto-gramme tient la place du quarteron; il pèse trois onces deux gros dix grains et demi.

Enfin le gramme, qui est le plus petit, sert à peser les matières d'or et d'argent ; son poids est un peu plus de dix-huit grains.

Le gramme a trois subdivisions, qui sont : le déci-gramme, pesant environ 2 grains ; le centi-gramme, environ un 5e. de grain, et le milli-gramme, un peu moins que le 50e. d'un grain.

DES MONNOIES.

On entend par monnoies des pièces d'or, d'argent et de cuivre dont on se sert pour payer les acquisitions que l'on a faites.

La monnoie se divise en francs, décimes et centimes. Mais de toutes les monnoies anciennes, celle dont la valeur approche le plus du franc, est la livre monétaire, qui vaut un franc moins un centime.

L'unité monétaire est le franc.

Les décimes remplacent les pièces de deux sous anciennes ; il en faut 10 pour un franc. Les centimes remplacent les deniers anciens ; il en faut 5 pour former 1 sou, et cent pour former un franc.

VALEUR

Des nouvelles mesures avec les anciennes.

De l'aune en mètres.	m.	c.m.
1 aune vaut.	1	19
2.	2	38
3.	3	56
4.	4	75
5.	5	94
6.	7	13
7.	8	32
8.	9	51
9.	10	70
10.	11	88
Ses fractions.		
	c. m.	mm.
1/2	59	4
1/4	29	7
1/8	14	8
1/16	07	4
1/32	03	7
1/3	39	6
1/6	19	8
1/12	09	9
1/24	05	0

De la toise en mètres.

	m.	c. m.
1 toise.	1	95
2.	3	90
3.	5	85
4.	7	80
5.	9	74
6.	11	69
7.	13	64

Des pieds en décimètres.

	di.	mm.
1 pied.	3	25
2.	6	50
3.	9	75
4.	12	99
5.	16	24
6.	19	49
7.	22	74
8.	25	99
9.	29	24
10.	32	49
11.	35	74

Des pouces en centimètres.

	c. i.	mm.
1 pouce.	2	7
2.	5	4
3.	8	1
4.	10	8

	c. i.	mm
5 pouces.	13	5
6.	16	2
7.	18	9
8.	21	0
9.	24	7
10.	27	0
11.	29	8

De l'arpent de Paris, contenant 100 *perches* (*et la perche* 18 *pieds*), *en hectares, ares et centiares.*

	h. a.	are.	c. a.
1 arpent vaut. . . .		34	19
2.		68	38
3.	1	02	57
4.	1	36	75
5.	1	70	94
6.	2	05	13
7.	2	39	32
8.	2	73	51
9.	3	07	70
10.	3	51	89

Arpent de 20 *pi. pour perche.*

	h. a	are.	c. a.
1 arpent.	0	42	20
10.	4	22	05

Arpent de 22 pieds pour perche.

	h. a.	are.	c. a.
1 arpent.	0	51	05
10	5	10	50
Acre commune de Normandie, composée de 160 perches, et la perche de 22 pieds.			
1 acre.	0	81	71
10.	8	17	10

Lieues de poste ou de 2000 toises, en myriamètres, kilomètres et hectomètres.

	mym.	km.	hm.
1 lieue.	0	3	9
2.	0	7	8
3.	1	1	7
4.	1	5	6
5.	1	9	4
6.	2	3	4
7.	2	7	3
8.	3	1	2
9.	3	5	1
10.	3	9	0
Un quart de lieue. . .	0	0	10
Une demi-lieue. . . .	0	1	9

Lieues

Lieues de 25 au degré.

	mym.	km.	hm.
1.	0	4	4
2.	0	8	9
3.	1	3	3
4.	1	7	8
5.	2	2	2
6.	2	6	7
7.	3	1	1
8.	3	5	6
9.	4	0	0
10.	4	4	4
Un quart de lieue. . .	0	1	1
Une demi-lieue. . . .	0	2	3

Des livres en kilogrammes.

	kilo.	h. g.	g.
1 livre.	0	4	89
2.	0	9	79
3.	1	4	68
4.	1	9	58
5.	2	4	47
6.	2	9	37
7.	3	4	26
8.	3	9	16
9.	4	4	05
10.	4	8	95

Des onces en décagrammes.

	d. a.	d. i.
1 once.	3	06
2.	6	12
3.	9	18
4.	12	24
5.	15	30
6.	18	36
7.	21	41
8.	24	47
9.	27	53
10.	30	59

Des gros en grammes.

	gr.	c. i.
1 gros.	3	82
2.	7	65
3.	11	47
4.	15	30
5.	19	12
6.	22	95
7.	26	77

Des grains en décigram.

	di.	m. g.
1. grain.	0	53
2.	1	06
3.	1	59
4.	2	12
5.	2	66

	d. i.	m. g.
6 grains.	3	19
7.	3	72
8.	4	25
9.	4	78
10.	5	31

Des pintes de Paris en litres.

	lit.	ci. l.
1 pinte	0	93
2.	1	86
3.	2	79
4.	3	73
5.	4	66
6.	5	59
7.	6	52
8.	7	45
9.	8	38
10.	9	31

Des boisseaux de Paris en hectolitres, litres et centilitres.

	h. o.	lit.	c. i.
1 boisseau.	0	13	0
2.	0	26	01
3.	0	39	02
4.	0	52	02
5.	0	65	03
6.	0	78	04

	h. o.	lit.	c.i.
7 boisseaux	0	91	05
8.	1	04	06
9.	1	17	07
10.	1	30	08
11.	1	43	08
12 ou un setier. . . .	1	56	09
1 litron.	0	0	81
4.	0	3	25
8.	0	6	50

Voies de bois de Paris, en stères.

	st.	c.i.
1 voie.	1	92
2 ou une corde	3	84
3.	5	76
4.	7	68
5.	9	60
6.	11	52
7.	13	44
8.	15	36
9.	17	28
10.	19	19

Tableau comparatif des sous et deniers en centimes.

1 d. vaut.	0 c.	7 d. valent	3 c.
2.	1	8.	3
3.	1	9.	4
4.	2	10.	4
5.	2	11.	5
6.	3	12.	5

---

1 sou vaut	5 c.	11 s. valent	55 c.
2.	10	12.	60
3.	15	13.	65
4.	20	14.	70
5.	25	15.	75
6.	30	16.	80
7.	35	17.	85
8.	40	18.	90
9.	45	19.	95
10.	50	20 s. ou 1 fr.	100

RAPPORT *de la livre tournois au franc, depuis* 1 *liv. jusqu'à* 1000 *francs.*

l.	f.	c.	l.	f.	c.
1	0	99	25	24	69
2	1	98	26	25	68
3	2	96	27	26	67
4	3	95	28	27	65
5	4	94	29	28	64
6	5	93	30	29	63
7	6	91	31	30	62
8	7	90	32	31	60
9	8	89	33	32	59
10	9	88	34	33	58
11	10	86	35	34	57
12	11	85	36	35	56
13	12	84	37	36	54
14	13	83	38	37	53
15	14	81	39	38	52
16	15	80	40	39	51
17	16	79	41	40	49
18	17	78	42	41	48
19	18	77	43	42	47
20	19	75	44	43	46
21	20	74	45	44	44
22	21	73	46	45	43
23	22	72	47	46	42
24	23	70	48	47	41

l.	f.	c.	l.	f.	c.
49	48	40	78	77	04
50	49	38	79	78	02
51	50	37	80	79	01
52	51	36	81	80	00
53	52	35	82	80	99
54	53	33	83	81	97
55	54	32	84	82	96
56	55	31	85	83	95
57	56	30	86	84	94
58	57	28	87	85	93
59	58	27	88	86	91
60	59	26	89	87	90
61	60	25	90	88	89
62	61	23	91	89	88
63	62	22	92	90	86
64	63	21	93	91	85
65	64	20	94	92	84
66	65	19	95	93	83
67	66	17	96	94	81
68	67	16	97	95	80
69	68	15	98	96	79
70	69	14	99	97	78
71	70	12	100	98	77
72	71	11	200	197	55
73	72	10	300	296	30
74	73	09	400	395	06
75	74	07	500	493	83
76	75	06	1000	987	65
77	76	05			

RAPPORTT *du franc à la livre tournois.*

f.	l.	s.	d.	f.	l.	s.	d.
1	1	0	3	27	27	6	9
2	2	0	6	28	28	7	0
3	3	0	9	29	29	7	3
4	4	1	0	30	30	7	6
5	5	1	3	31	31	7	9
6	6	1	6	32	32	8	0
7	7	1	9	33	33	8	3
8	8	2	0	34	34	8	6
9	9	2	3	35	35	8	9
10	10	2	6	36	36	9	0
11	11	2	9	37	37	9	3
12	12	3	0	38	38	9	6
13	13	3	3	39	39	9	9
14	14	3	6	40	40	10	0
15	15	3	9	41	41	10	3
16	16	4	0	42	42	10	6
17	17	4	3	43	43	10	9
18	18	4	6	44	44	11	0
19	19	4	9	45	45	11	3
20	20	5	0	46	46	11	6
21	21	5	3	47	47	11	9
22	22	5	6	48	48	12	0
23	23	5	9	49	49	12	3
24	24	6	0	50	50	12	6
25	25	6	3	60	60	15	0
26	26	6	6	70	70	17	6

f.	l.	s.	d.	f.	l.	s.	d.
80	81	0	0	300	303	15	0
90	91	2	6	400	405	0	0
100	101	5	0	500	506	5	0
200	202	10	0	1000	1012	10	0

Abréviations dont on se sert dans les opérations.

Mètre se désigne par. . . . . . m.
Déci-mètre. . . . . di. m.
Centi-mètre . . . . ci. m.
Milli-mètre . . . . mi. m.
Myria-mètre. . . . . my. m.
Kilo-mètre . . . . ko. m.
Hecto-mètre. . . . . ho. m.
Déca-mètre . . . . da. m.

Gramme . . . . g.
Déci-gramme . . . . di. g.
Centi-gramme. . . . . ci. g.
Milli-gramme. . . . . mm. g.
Kilo-gramme . . . . ko. g.
Hecto-gramme . . . . ho. g.
Déca-gramme. . . . . da. g.
Myria-gramme . . . . my. g.

Litre . . . . l.
Déci-litre. . . . . di. l.
Centi-litre . . . . ci. l.
Kilo-litre . . . . ko. l.
Hecto-litre. . . . . ho. l.
Déca-litre. . . . . da. l.

Stère . . . . s.
Double-stère . . . . d. s.
Déci-stère . . . . di. s.

Are . . . . a.
Déci-are . . . . di. a.
Centi-are . . . . ci. a.
Milli-are . . . . mi. a.
Hect-are . . . . h. a.
Déc-are . . . . d. a.
Kil-are . . . . k. a.
Myri-are. . . . . my. a.

Franc . . . . f.
Décime . . . . di. m.
Centime . . . . c. m.

ÉLÉMENS D'ARITHMÉTIQUE.

On pourroit retrouver l'unité de mesure sans qu'il soit nécessaire pour cela de mesurer de nouveau l'arc du méridien. En effet on sait par le calcul ainsi que par l'expérience, que, lorsque les arcs parcourus par un pendule (1), sont très-petits, les oscillations se font dans des temps égaux. On sait encore que la durée des oscillations augmente ou diminue, selon que la lentille est plus éloignée ou plus voisine de la suspension. Conséquemment si l'on prend un pendule qui soit tel, que la distance du centre de la lentille au point de suspension égale un mètre (2) ; et si l'on compte le nombre d'oscillations ou de balancemens qui se feront dans un temps donné, il est clair qu'on pourra

(1) On appelle pendule, tout corps suspendu à un point fixe, autour duquel il se meut. Les oscillations sont des balancemens en vertu desquels il passe d'un côté à l'autre. Tels sont les pendules de nos horloges qu'on appelle vulgairement balanciers.

(2) Il faut, pour cela, que le fil qui le suspend soit inextensible et très-délié.

toujours, en supposant que tous les mètres et mesures qui en dérivent vinssen tout à coup à se perdre, retrouver l'unité principale, en cherchant, par le tâtonnement, quelle est la longueur qu'il faut donner au fil, pour que le pendule fasse dans le même temps un nombre d'oscillations égal à celui dont la verge étoit égale à un mètre.

Maintenant il est à remarquer que cette expérience ne pourroit pas se faire indifféremment sur tous les points de la terre. En effet les oscillations du pendule se font en vertu de la pesanteur qui attire le corps grave vers le centre de la terre. Or, cette force, qui tend à précipiter les corps, agit avec d'autant plus d'énergie qu'ils sont plus voisins du centre de la terre. Conséquemment le pendule de même longueur ne fera point ses oscillations dans le même temps sur tous les points de la surface de la terre, si ceux-ci ne sont pas également éloignés du centre. C'est ainsi qu'on a decouvert que la terre est applatie vers les pôles, parce que les oscillations y sont plus fréquentes que vers l'équateur. Il faut donc qu'il y ait un lieu de déterminé pour faire l'expérience.

Je

Je ne me suis étendu sur cette manière simple de retrouver, dans tous les temps, l'unité qui sert de base à toutes les mesures, que pour donner une idée de son invariabilité, et conséquemment des motifs puissans qui l'ont fait choisir.

DE L'ADDITION DES QUANTITÉS DÉCIMALES.

Comme les fractions décimales augmentent de dix en dix, à mesure qu'on va de droite à gauche, la règle pour les ajouter est absolument la même que pour les nombres entiers, il faut, comme pour les nombres entiers, placer attentivement les unités de même grandeur les unes sous les autres, et avoir soin, après l'opération, de séparer par la virgule les unités entières des parties décimales.

Exemple.

J'ai vendu de la marchandise à un marchand, à trois époques différentes; la première facture monte à la somme de 747 f. 79 c; la seconde à 236 f. 95 c. et enfin la troisième à 848 f. 25 c.; pour trouver la somme totale de ces trois factures, je les écris les unes sous les autres, et de manière que les virgules soient toujours sur une même colonne.

Opération, composée de francs, décimes et centimes.

f. c.
747,79
236,95
848,25
1832,99

Cette opération étant composée d'unités entières et d'unités décimales, je la commence par la droite et je dis : 5 et 5 font 10 et 9 font 19, je pose 9 sous la colonne des unités décimales et retiens une dizaine ; ensuite passant à la deuxième colonne, je dis : 1 de retenu et 7 font 8 et 9 font 17 et 2 font 19, en 19 je pose 9 et retiens une dizaine ; puis passant à la colonne des unités entières, je dis : 1 de retenu et 7 font 8 et 6 font 14 et 8 font 22, en 22 je pose 2 et retiens 2 que je porte à la colonne suivante, et je dis : 2 de retenus et 4 font 6 et 3 font 9 et 4 font 13, en 13 je pose 3 et retiens 1 ; puis passant à la colonne suivante, je dis : 1 de retenu et 7 font 8 et 2 font 10 et 8 font 18 ; comme il ne reste plus de chiffres à additionner, je pose 8 et j'avance ma dizaine.

Mon opération ainsi faite, je trouve

pour somme totale 1832 f. 99 c., parce qu'il faut placer la virgule sous les autres virgules des nombres à additionner, ce qui détermine la quantité de décimales que je dois avoir au résultat de l'addition.

Autre opération.

f. c.
326,68
245,80
264,50
836,98

Cette opération se fait de la même manière que la précédente.

Sa preuve.

La preuve de cette opération se fait de deux manières différentes, soit par une addition contraire, soit par une soustraction, au choix des calculateurs; je vais mettre les deux opérations en évidence par des exemples.

Preuve par l'addition.

f. c.
747,79
236,95
848,25
1832,99
121,10

Je commence par la gauche de mon addition, et je dis : 2 et 7 font 9 et 8 font 17, de 18 reste 1, je pose 1 sous le 8 ; ensuite passant à la deuxième colonne, je dis : 4 et 3 font 7 et 4 font 11, de 13 reste 2 ; ensuite passant à la troisième, je dis : 7 et 6 font 13 et 8 font 21, de 22 reste 1 ; ensuite à la quatrième, 7 et 9 font 16 et 2 font 18, de 19 reste 1 ; ensuite à la cinquième, 5 et 5 font 10 et 9 font 19, de 19 reste 0 ou zéro ; il ne reste rien ; donc la règle est parfaite.

Preuve par une soustraction.

f. c.
747,79
236,95
848,25
1832,99
1085,20
747,79

Je commence cette opération en tirant un trait sous le premier nombre ; ensuite je fais une addition des deux autres qui me restent, ce qui me donne un total de 1085 f. 20 c. ; ensuite je soustrais ou ôte de la première qui est 1832 f. 99 c. celle de 1085 f. 20 c., il me reste 747 f. 79 c.; ce qui prouve que ma règle est bonne.

DE LA SOUSTRACTION DES PARTIES DÉCIMALES.

La soustraction des parties décimales se fait comme celle des nombres entiers, ayant soin seulement de séparer les décimales par une virgule dans le résultat.

Exemple.

J'ai emprunté 94376 f. 55 c., je n'ai pu rendre que 59843 f. 70 c.; combien dois-je encore?

Première opération, composée de francs, décimes et centimes.

f. c.
94376,55, somme empruntée.
59843,70, somme rendue.
34532,85, somme redue.
94376,55, preuve.

J'opère de même que pour la soustraction simple, en commençant par la droite, et je dis: qui de 5 ôte 0 reste 5; ensuite qui de 5 ôte 7 ne peut; j'emprunte sur le 6 suivant (que je marque d'un point, afin de faire connoître qu'il ne vaut plus que 5), une dizaine que je joins au 5, ce qui fait 15, puis je dis : qui de 15 ôte 7 reste 8 ; ensuite qui de 5 ôte 3 reste 2 ; ensuite qui de 7 ôte 4 reste 3 ; ensuite qui de 3 ôte 8 ne peut ; j'emprunte sur le 4 suivant une dizaine que je joins au 3, ce qui fait 13, et je dis : qui de 13 ôte 8 reste 5 ; ensuite qui de 3 ôte 9 ne peut ; j'emprunte sur le 9 suivant une dizaine que je joins au 3, ce qui fait 13, et je dis : qui de 13 paie 9 reste 4, et enfin qui de 8 ôte 5 reste 3.

Mon opération faite, je vois que je suis redevable de 34532 f. 85 c., qui est la difference cherchée.

Sa preuve.

La preuve se fait toujours en ajoutant le reste à la somme que l'on a retranchée ; on doit retrouver celle dont on a retranché.

Deuxième opération.

f. c.
75483,66
59856,78
15626,88
75483,66

DE LA MULTIPLICATION DES QUANTITÉS DÉCIMALES.

La multiplication des parties décimales se fait comme celle des nombres entiers et sans avoir égard à la virgule ; seulement il faut séparer dans le résultat autant de décimales qu'il y en a tant dans le multiplicande que dans le multiplicateur.

Règle.

Supposons qu'on ait ,

	8,31
à multiplier par	2,4
	33 24
	166 2
	199 44

Et je dis : supposons que ce soit 831 que nous ayons à multiplier par 24 , le produit sera 19944 ; mais ce n'est pas 831 que nous devons multiplier , c'est 8 entiers 31 centimes ou 831 centimes ; le produit 19944 est donc cent fois trop fort : or , on le rendra cent fois plus petit , en exprimant que ce sont des centimes , c'est-à-dire en retranchant deux chiffres par une virgule ; on aura donc 199,44 pour produit de 8,31 par 24 ; mais j'observe encore que ce n'étoit point par 24 que je devois multiplier, mais par 2,4 qui est 10 fois plus petit; le produit 199,44 est encore donc 10 fois trop grand : donc il faut le rendre 10 fois plus petit en reculant la virgule vers la gauche, ce qui donne 19,944 pour produit de 8,31 par 2,4, ainsi que nous l'avons annoncé.

Il arrive souvent que le produit ne contient pas autant de chiffres qu'il y a de décimales tant dans le multiplicande que dans le multiplicateur : il semble alors qu'on ne peut pas appliquer la règle que nous venons de démontrer : c'est ce qui arriveroit si l'on avoit, par exemple, 0,11
à multiplier par 0,2

0,022

en multipliant 11 par 2, comme nous l'avons dit; mais l'on ne peut retrancher trois décimales, puisqu'il n'y a que deux chiffres; cependant si l'on reprend le raisonnement que nous venons de faire, on verra que le produit doit être des millièmes; or, on exprimera que ce sont des millièmes en plaçant un zéro entre 22 et la virgule. Il faudra donc, toutes les fois que le produit ne sera pas aussi grand que le nombre de décimales qu'on doit retrancher, y suppléer par un nombre suffisant de zéros ajoutés sur la gauche de ce produit.

Opération, composée de francs, décimes et centimes.

```
      26 mètres
       f.  c.
  à   16,65
  ---------
       130
      156
     156
     26
  ---------
    432,90
```

Lorsqu'il y a, comme ici, deux nombres composés, tels que 26,16 fr. 65 c., à multiplier l'un par l'autre, il faut premièrement poser celui que l'on aura choisi pour multiplicateur; (c'est ordinairement le plus petit) au dessous du multiplicande.

Ensuite je commence par multiplier les unités décimales 65 par 26, et je dis : 5 fois 6 font 30, je pose 0 sous le 5 du multiplicateur et retiens 3 dizaines; ensuite 5 fois 2 font 10 et trois de retenus font 13, je pose 3, et n'ayant plus de chiffres à multiplier, j'avance ma dizaine; puis reculant d'un chiffre, je dis 6 fois 6 font 36, j'écris 6 et retiens 3 ; ensuite 6 fois 2 font 12 et 3 de retenus font 15, je pose 5 et avance ma dizaine.

Ensuite passant aux unités entières, en reculant d'un chiffre, je dis : 6 fois 6 font 36, j'écris 6 et retiens 3 ; ensuite 6 fois 2 font 12 et 3 de retenus font 15, je pose 5 et avance une dizaine ; ensuite, reculant encore d'un chiffre, je dis : 1 fois 6 est 6 et 1 fois 2 est 2.

Mon opération ainsi faite, je trouve 432,90 ; mais comme il existe deux unités décimales au multiplicateur, je retranche également à mon produit, par une virgule, les deux premiers chiffres de droite qui sont des unités entières, et je trouve que mes 26 mètres, à raison de 16 fr. 65 c., coûteront 432 fr, 90 c.

Autre opération.

```
    12 mètres
     f.  c.
  à  6,82
  ----------
       24
      96
     72
  ----------
     81,84
```

Preuve.

Elle se fait soit par une division, soit par une multiplication, au choix des calculateurs.

Par une division, en prenant pour dividende le produit ou la somme totale de la multiplication, et pour diviseur la quantité de la marchandise ; le quotient doit égaler le prix de la marchandise ou le multiplicateur.

Par une multiplication, en prenant la moitié du multiplicande et doublant le multiplicateur, on doit trouver le même produit.

Première preuve par une division.

Dividende 432,90	26 diviseur.
172	f. c.
169	16,65 ou quotient.
130	

Pour faire cette opération, je prends au dividende autant de chiffres qu'il y en a au diviseur, et ensuite je cherche dans ce nombre combien de fois est contenu le diviseur ; trouvant qu'il y est 1 fois, je pose 1 sous le 6 du diviseur, et je dis : 1 fois 6 est 6, de 13 reste 7 que je pose sous le 3 de mon dividende, et retiens une dizaine ; ensuite 1 fois 2 est 2 et 1 de retenu font 3, de 4 reste 1. Il me reste 17 qui ne peuvent contenir 26, alors j'abaisse le 2, ce qui me donne 172 ; je cherche en 172 combien de fois 26, je trouve qu'il y est 6, je pose 6 à la colonne de mon quotient, et je dis : 6 fois 6 font 36, de 42 reste 6, et retiens 4 ; ensuite 6 fois 2 font 12 et 4 de retenus font 16, de 17 reste 1 ; observant que 16 ne peut contenir 26, j'abaisse le 9, ce qui fait alors 169 ; je cherche en 169 combien de fois 26, je trouve qu'il y est 6 ; j'écris 6 au quotient, je sépare ce chiffre des deux premiers par une virgule, et je dis : 6 fois 6 font 36, de 39 reste 3 ; ensuite 6 fois 2 font 12 et 3 de retenus font 15, de 16 reste 1. Il reste 13 qui ne peuvent contenir 26, j'abaisse le 0, ce qui fait 130 ; alors je cherche dans 130 combien de fois est contenu 26, je trouve qu'il y est 5 fois ; j'écris 5 au quotient, et je dis : 5 fois 6 font 30, de 30 reste 0 et retiens 3 ; ensuite 5 fois 2 font 10 et 3 de retenus font 13, de 13 reste 0. Donc l'opération est exacte, puisque le diviseur égale le multiplicateur de la première opération.

Deuxièm

Deuxième preuve par une autre multiplication.

Opération.

```
      13
      33,30
   ---------
      390
     39
    39
   ---------
    432,90
```

Multiplication composée de décimales au multiplicande et au multiplicateur.

Première opération.

Un marchand a acheté 26 mètres 34 centimètres de drap à 55 fr. 75 centim. l'aune, combien doit-il payer pour le prix de son acquisition ?

```
       26,34
       55,75
    ---------
       13170
      18438
     13170
    13170
    ---------
       f.
    1468,4550
```

Deuxième.

```
 25,3
 16
-----
 1518
 253
-----
 404,8
```

Troisième.

```
   6,5423
   0,0045
----------
   327115
  261692
----------
0;02944035
```

Quatrième.

```
  2,6
  5,17
------
  182
  26
 130
------
13,442
```

Cinquième.

```
   13,42
    0,2005
----------
      6710
   2684
----------
  2,690710
```

Ces multiplications peuvent également se vérifier, soit par une autre multiplication, soit par uue division.

Lorsque le multiplicande a des décimales, et que le multiplicateur est 10, 100, ou 1000, il suffit de retirer la virgule vers la droite d'autant de rangs qu'il y a de zéros dans le multiplicateur. C'est une conséquence de ce que nous avons dit.

Ainsi ,	68,97436
multiplié par	100
	6897,436

Si le multiplicande et le multiplicateur avoient un grand nombre de décimales, l'opération seroit fort longue et donneroit un résultat plus exact qu'on en a besoin communément, alors on peut simplifier le calcul de cette manière.

1°. Multipliez tous les chiffres du multiplicande par le premier à gauche du multiplicateur.

2°. Multipliez-les ensuite par le second chiffre à gauche du multiplicateur ; mais, en écrivant ce produit, ne tenez compte que des dizaines que la multiplication du premier chiffre à droite du multiplicande pourra donner, ajoutez-les au produit du second chiffre, et conséquemment écrivez - en la somme sous le premier chiffre du produit déjà écrit.

3°. Servez-vous du troisième chiffre du multiplicateur pour multiplier ceux du multiplicande, et à ne commencer qu'au second ; encore faudra-t-il ne retenir que les dizaines de ce produit pour les ajouter aux unités du suivant, vous en écrirez la somme sous les deux produits déjà écrits.

4°. A mesure que vous avancerez vers la droite du multiplicateur, vous commencerez la multiplication par un chiffre plus avancé vers la gauche du multiplicande, et retenant les dizaines de ce premier produit, vous les ajouterez aux unités du suivant, jusqu'à ce que vous soyez parvenu au dernier chiffre du multiplicateur.

5°. Ajoutez tous les produits, et dans leur somme séparez autant de décimales qu'il y en avoit dans le multiplicande, lorsque vous l'avez multiplié par les unités du multiplicateur, ou, ce qui est plus général, voyez quel rang tiennent dans les deux racines la décimale par laquelle vous multipliez chaque fois, et celle par laquelle commence alors la multiplication.

La somme de ces deux rangs indiquera toujours le nombre de décimales que doit avoir le produit général.

Exemples.

Premier.	*Deuxième.*
6,23591	3,52041
4,57284	0,42682
2494364	1408164
311796	70408
43651	21120
1247	2816
498	70
25	1,502578
28,51481	

Troisième.

0,582697
0,003253
1748091
116539
29334
1747
1895711

Dans le premier, je multiplie d'abord par 4 et j'écris le produit, ensuite par 5, en disant : 5 fois 1 font 5, je retiens 1 pour le produit suivant ; enfin je dis : 5 fois 9 font 45 et 1 de retenu font 46, j'ecris 6 sous le 4, et je continue à l'ordinaire.

Puis je multiplie par 7, en commençant par le 9 du multiplicande : 7 fois 9 font 63, je retiens 6 dizaines que j'ajoute au produit suivant, et je dis : 7 fois 5 font 35 et 6 de retenus font 41, j'écris 1 dans le premier au même rang que les premiers chiffres des autres produits.

Après avoir fait toutes ces multiplications, j'ajoute les produits, et je sépare cinq décimales, parce qu'il y en avoit cinq au multiplicande, lorsque j'ai multiplié par les quatre unités du multiplicateur, ou parce qu'en multipliant par la première décimale du multiplicateur, j'ai commencé par la quatrième du multiplicande.

En faisant tout au long cette multiplication, on auroit trouvé 28,514886844.

Afin de reconnoître à quelles décimales du multiplicande et du multiplicateur on en est chaque fois, il est à propos de les marquer d'un point à mesure qu'on s'en sert.

Comme il est aisé de se rendre raison des différentes parties de cette méthode, j'observe seulement que dans le produit du quatrième exemple, il faut ajouter trois zéros, parce que 3 étant au troisième rang des décimales dans le multiplicateur, et 7 étant au sixième du multiplicande, le produit doit avoir 9 décimales.

DE LA DIVISION DES QUANTITÉS DÉCIMALES.

Si le nombre des décimales est le même dans le dividende et dans le diviseur, la division se fait alors comme si c'étoit des nombres entiers, et il n'y a rien à changer au quotient; en effet diviser un nombre, c'est chercher combien de fois il en contient un autre. Conséquemment si on a 43,45 à diviser par 2,27, c'est chercher combien de fois 43,45, qui est la même chose que quatre mille trois cent quarante-cinq centièmes, contient 2,27 ou deux cent vingt-sept centièmes. Or, il est évident que ces deux nombres se contiennent l'un l'autre, comme s'ils représentoient des entiers, le quotient doit donc être le même.

Mais si le nombre des décimales n'est point le même dans le dividende et dans le diviseur, il faudra établir, en portant à la suite du nombre qui en a le moins, une quantité suffisante de zéros, ce qui ne changera rien à la valeur de ce nombre, ainsi que nous l'avons démontré plus haut. Les parties deviendront alors de même espèce, et leur quotient s'obtiendra comme si c'étoit des entiers qu'il s'agit de diviser.

Supposons par exemple qu'il s'agit de diviser 44,375 par 2,3 ou chercher combien de fois 44375 millièmes contiennent 23 dixièmes, ou 230 centièmes, ou 2300 millièmes qui sont la même chose. Or, il est évident que 44375 millièmes contiennent 2300 millièmes autant que 44375 entiers contiennent 2300 entiers. Il faut donc mettre à la droite du diviseur 2,3 deux zéros, ce qui donne 2,300 qui sont la même chose, et faire ensuite la division sans avoir égard à la virgule.

```
44375 { 2,300
2300  { 19,2
21375
20700
006750
  4600
  2150
```

Ce qui donne pour quotient 19 avec un reste 675. Si l'on veut avoir des décimales au quotient, il faut ajouter à la suite du reste autant de zéros qu'on veut en avoir au quotient, et l'on continue l'opération de la même manière.

La raison en est facile à saisir ; en effet si j'ajoute un zéro au reste 675, je le rends dix fois plus fort. Conséquemment le nouveau chiffre que je mettrai au quotient sera dix fois trop fort. Il faut donc pour compenser le rendre dix fois plus petit, c'est-à-dire exprimer que ce sont des dixièmes, en le séparant des unités trouvées précédemment par une virgule, ce qui donne 19, 2. Si on vouloit avoir des centièmes, il faudroit ajouter un zéro au reste 2150 que nous venons de trouver, et placer le chiffre, qui résulteroit de cette nouvelle division, au rang des centièmes et ainsi de suite, d'où l'on voit qu'on peut toujours approcher du véritable quotient aussi près que l'on voudra.

Si l'on avoit à diviser l'une par l'autre des fractions décimales seulement; si l'on avoit par exemple, 0,34 à diviser par 0,003, il faudroit toujours compléter le nombre des décimales, ce qui donneroit 0,340 à diviser par 0,003 ou 340 millièmes à diviser par 3 millièmes, ou 340 à diviser par 3. On voit donc qu'il ne faut point tenir compte des zéros qui peuvent se trouver compris entre la virgule et le premier chiffre positif de la fraction.

On auroit encore pu faire la division sans ajouter de zéros à la droite du diviseur, en ayant soin de retrancher après l'opération autant de chiffres par une virgule, qu'il y avoit de décimales de plus dans le dividende que dans le diviseur. En effet si les deux nombres 44,375 et 2,3 étoient tous deux des dixièmes, ils en contiennent tout autant de fois que si c'étoit des entiers. Mais le nombre 44,375 représente des millièmes, c'est-à-dire des unités cent fois plus petites que les dixièmes représentés par 2,3, il le contiendra donc cent fois moins, donc il faudra après l'opération rendre le quotient cent fois plus petit; ce qui s'exécutera en séparant deux chiffres par la virgule, ainsi que nous l'avons dit plus haut.

Exemples.

Première opération.

Dividende, 24,6720 { 5 diviseur.
20 { 4,9344 quotient.
46
45
17
16
22
20
20
20
0

Deuxième.

6,325 { 2,14
428 { 2,9
2045
1926
119

Troisième.

15,4 { 10,352
10352 { 1,48
50480
41408
90720
82816
7904

Ainsi, dans le second exemple, on a procédé à la division comme si l'on eût eu 6325 à diviser par 214. Le quotient s'est trouvé 29 ; mais parce que le dividende avoit trois décimales et que le diviseur n'en avoit que deux, on en a mis une au quotient, en plaçant la virgule avant le 9.

Lorsque le diviseur a plus de décimales que le dividende, comme il est représenté au troisième exemple, on ajoute autant de zéros que l'on veut au dividende, en sorte cependant que cela rende le nombre de ces décimales un peu plus grand que celui des décimales du diviseur, afin d'en avoir quelques-unes au quotient ; ici on est censé en avoir ajouté quatre au dividende, car si l'on divise 15,40000 par 10,252, on trouvera le quotient 1,48.

Si l'on veut avoir égard aux restes de ces sortes de divisions, il faut leur ajouter de nouveaux zéros, et les quotiens qu'on en tirera, en continuant la division par le même diviseur, seront de nouvelles décimales. Ainsi, dans le second exemple, ajoutant trois zéros au reste 119, on auroit le quotient 2,9556 avec un reste de 16.

Lorsque, par la méthode ordinaire, les divisions seroient trop longues à cause du grand nombre de décimales, on on peut en abréger le calcul de la manière suivante.

Je suppose que l'on veuille vérifier le produit 28,51481 trouvé ci-dessus en le divisant par 6,23591; après avoir disposé ces deux nombres comme dans la division ordinaire, je demande en 28 combien de fois 6? je mets 4 au quotient, ensuite je multiplie tout le diviseur par 4 et je soustrais le produit du dividende: reste 3,57117.

Je divise ce reste en disant: combien de fois 6 est-il contenu dans 35? je mets 5 au quotient, et je multiplie le diviseur par 5. Je dis donc: 5 fois 1 est 5 que je n'écris pas au produit, je retiens seulement 1 dizaine; je multiplie 9 par 5, ce qui me donne 45 et la dizaine de retenue font 46; en continuant la multiplication, je trouve 311796 que je soustrais de 357117; il reste 45321; je continue à diviser ce dernier nombre par le même diviseur, en faisant attention qu'il faut toujours reculer d'un chiffre sur la gauche pour faire la multiplication du diviseur par le chiffre du quotient, et de n'ajouter au produit que la dizaine, qu'aura fournie celle du chiffre précédent. En continuant cette division jusqu'à ce qu'il n'y ait aucun reste, je trouve pour quotient 4,57284, qui se trouvoit être le multiplicateur de 6,23591, et dont le produit étoit 28,51481.

Exemple.

```
28,51481 { 6,23591
24,94364 { 4,57284
 3,57117
 3,11796
   45321
   43651
    1670
    1247
     523
     498
      25
      25
       0
```

De la transformation des fractions ordinaires en fractions décimales.

Nous avons considéré jusqu'ici les fractions comme des expressions dans lesquelles le dénominateur marque en combien de parties on conçoit que l'unité principale est divisée, et le numérateur combien il entre de parties dans la valeur de la fraction ; mais on peut encore les considérer comme des restes de division dont le numérateur seroit le dividende, et le dénominateur le diviseur. En effet dans la fraction $\frac{3}{4}$, par exemple, l'on peut considérer 3 comme devant être divisé en 4 parties pour prendre une de ces parties, ou considérer 1 comme étant divisé en 4 parties pour prendre 3 de ces parties. La fraction $\frac{3}{4}$ est donc la même chose que 3 à diviser par 4. Or, il est clair qu'en l'envisageant de cette dernière manière, on pourra facilement la réduire en décimales, et approcher de sa valeur autant qu'on le jugera à propos.

$$\begin{array}{r|l} 30 & 4 \\ \hline 20 & 0,7 \end{array}$$

4 n'étant point contenu dans 3, j'ajoute un zéro à la suite de 3, ce qui me rend le dividende 10 fois plus fort qu'il ne doit être réellement. Je dis alors en 30 combien de fois 4, il y est 7, je pose 7 au quotient; ensuite je dis: 4 fois 7 font 28, de 30 reste 2; je pose 2 sous le dividende; mais le dividende 30 étant 10 fois trop fort, le quotient 7 est aussi 10 fois trop fort; il faut

donc, pour avoir le véritable quotient, le rendre 10 fois plus petit, c'est-à-dire exprimer que ce sont 7 dixièmes, ce qui se fera en mettant un zéro à la gauche du 7, pour tenir place des unités, et le séparant du chiffre 7 par une virgule. Le quotient 0, 7 est donc égal à $\frac{3}{4}$ à moins d'un dixième près. Si l'on veut en approcher davantage, on mettra un zéro à la droite du chiffre 2, ce qui donne 20, qui, étant divisé par 4, donne 5 qu'on place au rang des centièmes; par la même raison que ci-dessus; ce qui donne 0,75 pour la valeur exacte de la fraction $\frac{3}{4}$. Mais s'il y avoit encore un reste, le quotient ne seroit égal à cette valeur qu'à moins d'un centième près : il faudroit, pour en approcher davantage, ajouter encore un zéro au dernier reste, et ainsi de suite.

S'il arrivoit que, dans le cours des divisions successives, le diviseur fût tel que le reste, suivi d'un zéro, et ne pût pas le contenir; si l'on avoit, par exemple, 2 à diviser par 340,

2000	340
1700	0,005
1300	

il faudroit en ajouter un nombre suffisant pour qu'il pût le contenir, et placer le chiffre qui viendroit au quotient à un rang déterminé par le nombre de zéros qu'on auroit ajoutés. Ainsi, dans l'exemple que nous considérons, où l'on a ajouté trois zéros, on a rendu le dividende mille fois trop fort, il faut donc exprimer que le chiffre 5 qui vient au quotient exprime des millièmes, c'est-à-dire le placer au troisième rang à droite de la virgule.

Si le chiffre 2 étoit le reste d'une division par 340, dont le quotient déjà trouvé fut 2,41, alors il faudroit mettre à la suite du quotient 2,41 déjà trouvé, afin de tenir la place des millièmes et des dix-millièmes, ce qui donneroit 2,41005.

En général, toutes les fois que l'on ajoutera un zéro à la droite du dividende, il faudra placer le chiffre qui viendra au rang plus à droite de la virgule.

La fraction $\frac{3}{4}$, que nous avons considérée, nous a donné 0,75; mais toutes les fractions ne sont point susceptibles d'une transformation exacte; $\frac{1}{3}$, par exemple, réduit en décimales, donne 0,3333, à l'infini, puisque l'on a toujours le reste 1. On peut donc en approcher aussi près qu'on voudra, sans pouvoir jamais l'atteindre.

La fraction $\frac{1}{6}$ se transforme en 0,1666... où l'on voit que le même chiffre revenant toujours, il n'est point possible de l'avoir exactement.

La fraction $\frac{1}{7}$ est dans le même cas ; on trouve, en transformant cette fraction 0,142857 142857.... Or, le retour périodique des mêmes chiffres annonce l'impossibilité de la transformation. On peut, il est vrai, se dispenser de pousser plus loin la division, en écrivant de suite le même chiffre qui se répète, ou la période, lorsqu'il y en a plusieurs qui reviennent au quotient dans le même ordre.

En général, il est impossible de réduire en décimales une fraction ordinaire dans deux cas différens.

Le premier a lieu toutes les fois que deux divisions successives donnent le même reste.

Le deuxième, lorsque les chiffres du quotient reviennent dans le même ordre.

Il suit de là que le dénominateur fait connoître la limite la plus reculée du retour périodique dont il s'agit ; le dénominateur 7, par exemple, indique qu'en réduisant $\frac{1}{7}$ en décimales, les chiffres ne peuvent reparoître dans le même ordre plus tard qu'au septième rang. On en trouvera aisément la raison en y réfléchissant un peu ; il est plus ordinaire cependant qu'ils reviennent dans des cas semblables avant le rang désigné par le dénominateur, on peut le vérifier sur la fraction $\frac{1}{13}$ entre autres.

S'il est toujours facile de transformer en décimales les fractions ordinaires, on éprouve souvent de la difficulté pour ramener les premières à celles-ci ; on opère néanmoins cette réduction d'une manière bien facile dans les exemples les plus familiers.

On suppose que l'on demande en fraction ordinaire la valeur de 0,3333 ; si l'on multiplie par 10 la quantité donnée, on aura 3,333, et si on la soustrait de ce produit, il ne restera qu'une quantité neuf fois plus grande que 0,3333. Ce reste est 3, dont la neuvième partie est $\frac{1}{3}$. On conclura donc que 0,333 est égal à $\frac{1}{3}$, comme on le sait d'ailleurs.

Il en est de même de la fraction 0,142857, 142857, qui, multipliée par 10, devient 142857, 142857 ; si l'on retranche de ce produit le triple de la quantité donnée, le reste ne sera que sept fois plus grand que cette quantité ; or, le triple de 0,142857, 142857 est 0,42857 142857 ; le reste sera donc 1, dont la septième partie est $\frac{1}{7}$, comme ci-dessus.

Les calculs ordinaires ont rarement besoin d'une exactitude qui nécessite plus de deux ou trois décimales ; souvent la question détermine jusqu'à quel point il faut pousser la division. Supposons, par exemple, qu'on ait besoin du quotient de 1 par 7, à moins d'un centième près, je divise à l'ordinaire, et je trouve 0,14, avec un reste que je néglige. Or, cette fraction est plus petite que $\frac{1}{7}$. Pour rendre cette différence la moins considérable possible, on a coutume d'ajouter une unité au dernier chiffre, lorsque celui qui le suivroit immédiatement, si l'on continuoit la division, surpasse cinq ; on n'en tient point compte lorsqu'il est moindre. Dans ce cas-ci, où le chiffre qui suivroit immédiatement 4, si l'on continuoit la division de 1 par 7, est 2, c'est 0,14 qu'il faut prendre. Mais si on vouloit l'avoir à moins d'un millième près, on trouveroit d'abord 0,142 ; et comme le chiffre qui suivroit 2, si l'on continuoit, est un 8, on prendroit pour valeur approchée de la fraction 0,143.

DES PROPORTIONS.

Nous terminerons ce que nous avons à dire par la solution de quelques questions relatives aux proportions. Nous ne pouvons trop engager à bien se convaincre des propriétés de celles-ci, et à se les rendre familières, parce qu'elles sont la base de toutes les règles de trois, de compagnie, etc. dont nous avons parlé précédemment. Les questions, dont nous allons nous occuper, sont plus compliquées que celles que nous avons résolues jusqu'ici. Nous ne donnerons point à la solution de chacune d'elles le nom d'une règle particulière, afin d'éviter tout ce qui peut assujettir à une routine qui fatigue la mémoire, et qui expose à des erreurs, et à s'accoutumer à ne prendre jamais d'autre guide que le raisonnement. On jouit de cette manière de la satisfaction intime que procure la certitude d'avoir bien fait.

PREMIERE QUESTION.

Un particulier a fait travailler 15 ouvriers qui lui ont fait, en 12 jours, 236 mètres d'ouvrage, combien 18 ouvriers en feront-ils, en travaillant seulement pendant 3 jours?

Solution.

Il est évident que le travail, fait par 15 ouvriers pendant 12 jours, est la même chose que celui que feroient 12 fois 15 ouvriers ou 180 ouvriers travaillant seulement pendant un jour. De même le travail que feront 18 ouvriers, travaillant ensemble pendant 3 jours, est la même chose que celui que feroient 3 fois 18 ou 54 ouvriers qui ne travailleroient seulement que pendant un jour. La question proposée est donc la même que celle-ci : 180 ouvriers ont fait, pendant un jour, 236 mètres d'ouvrage, combien 54 ouvriers en feront-ils?

Or, il est évident que les quantités d'ouvrage seront proportionnelles au nombre d'ouvriers employés à les faire, c'est-à-dire que le nombre 236, qui exprime la quantité d'ouvrage fait par 180 ouvriers, contiendra la quantité d'ouvrage que feront 54 ouvriers autant de fois que 180 contient 54 : le nombre cherché est donc le quatrième terme de cette proportion :

180 : 54 :: 236 :

Mais nous avons démontré que, dans toute proportion, le produit des extrêmes étoit égal au produit des moyens ; conséquemment qu'un extrême quelconque étoit toujours égal au produit des moyens divisé par l'autre extrême. Donc, si nous multiplions l'un par l'autre les deux moyens 54 et 136, et que nous divisions le produit par l'extrême 180, nous aurons pour quotient l'autre extrême ou le nombre de mètres d'ouvrage que pourront faire 54 ouvriers pendant un jour, ou 18 ouvriers pendant 3 jours.

```
    236
     54
   ----
    944
   1180
  ------
 1274,4 { 180
  01440 { 70,8
   0000
```

Pour s'assurer si le nombre 70^{m}. 8 est exact, il suffit de voir s'il y a proportion, c'est-à-dire si le produit des extrêmes et celui des moyens sont égaux,

Or, celui des moyens est 12744, celui des extrêmes 180 et 70,8 est aussi 12744. Donc, l'opération est exacte. Il est facile de voir que cette vérification n'est autre chose que les vérifications successives de la multiplication et de la division qu'on est obligé de faire.

DEUXIEME QUESTION.

15 ouvriers ont reçu 245 f. 20 c. pour prix de 25 jours de travail, pendant lesquels ils employoient 11 heures par jour ; on demande combien on doit payer pour le salaire de 19 ouvriers qui ont travaillé au même ouvrage pendant 13 jours, mais seulement 8 heures par jour.

Solution.

Cette question peut être ramenée facilement à une règle de trois ou à une simple proportion, comme la précédente. En effet, 25 jours de travail à 11 heures par jour, sont la même chose que 23 fois 11 ou 275 heures de travail : de même 13 jours à 8 heures égalent 104 heures. Maintenant 15 ouvriers travaillant pendant 275 heures font le même ouvrage que feroient 275 fois 15 ou 4125 ouvriers pendant une heure seulement ; par la même raison, 19 ouvriers

ouvriers, travaillant pendant 104 heures, font la même chose que 19 fois 104 ou 1976 ouvriers pendant 1 heure. La question est donc ramenée à celle-ci : 4125 ouvriers ont reçu 245 f. 20 c. pour prix d'une heure de travail, combien doit-on payer à 1976 ouvriers qui travailleroient pendant le même temps.

Or, il est clair que les sommes sont proportionnelles aux quantités d'ouvriers dont elles sont le salaire : conséquemment celle que l'on cherche sera le quatrième terme d'une proportion dont les trois premiers seroient ceux-ci.

4125 : 1976 : : 245 f. 20 c.

Donc, si l'on multiplie 245 f. 20 c. par 1976, et qu'on divise le résultat par 4125, on aura la somme cherchée.

```
  245 f. 20 c.
       1976
  ------------
     147120
    17164
   22068
   2452
  ------------
   484515,20 { 4125,00
              ---------
    720152   { 117,45
    3076520
     1890200
      2402000
        340500        15
```

Ce qui donne 117 f. 45 c. pour le salaire de 19 ouvriers. Nous avons ajouté deux zéros au diviseur 4125, pour compléter le nombre de décimales, comme nous l'avons dit en parlant de la division. Si l'on fait la preuve de cette opération, on ne trouvera pas le produit des extrêmes exactement égal à celui des moyens, attendu qu'il y a un reste 340500 que nous négligeons; mais cette égalité devra avoir lieu, si l'on tient compte de ce reste, en ajoutant au produit 34,05 que l'on n'a point divisé.

TROISIEME QUESTION.

Un boulanger a acheté du blé qui lui revient à 45 f. l'hectolitre; alors il peut donner un kilogramme de pain pour 0,35 centimes; on demande combien il doit donner de pain pour le même prix, lorsque l'hectolitre de blé ne vaut que 42 f.

Solution.

Il est clair, dans ce cas-ci, qu'il devra donner d'autant plus de pain pour la somme de 0,35 centimes, que le prix de l'hectolitre de blé sera moins considérable; de manière que, si le prix de l'hectolitre n'étoit que la moitié du premier, il devroit donner deux fois autant de pain. La quantité de pain qu'il doit donner contient donc celle qu'il donne autant de fois que le prix du blé qui a servi à le faire ; ce dernier contient le prix du blé qui doit servir à faire le premier , cette quantité est donc le quatrième terme de cette proportion :

42 : 45 : : 1 kilogramme.

```
      1
  ─────────
    45      { 42
            ───────────
    300     { 1,071
     060
```

Ce qui donne 1 kilogr. 071 gram. ou 1071 grammes.

QUATRIEME QUESTION.

43 ouvriers, employés dans une manufacture, ont fait 440 mètres d'étoffe en 15 jours , travaillant 10 heures par jour ; on demande combien il faudroit de jours à 60 ouvriers , pour en faire la même quantité , en supposant qu'ils ne travaillassent que 5 heures par jour ?

Solution.

Il est clair que le nombre de jours qu'il faut employer pour faire la quantité de 440 mètres, qui est ici constante, dépend et du nombre d'ouvriers et du nombre d'heures qu'ils travaillent par jour. Or, 43 ouvriers travaillant pendant 10 heures par jour, font la même chose que 430 ouvriers qui ne travailleroient qu'une heure par jour : par la même raison, 60 ouvriers travaillant 5 heures par jour, équivalent à 300 ouvriers qui ne travailleroient que pendant une heure. La question est donc ramenée à celle-ci ; 430 ouvriers ont fait, en 15 jours, 440 mètres de marchandises, combien 300 ouvriers mettront-ils de jours pour en faire la même quantité ? Mais il est évident qu'il faudra d'autant plus de jours qu'il y aura moins d'ouvriers à travailler ; conséquemment que le nombre de jours cherché contiendra le nombre 15 de jours employé par 430 ouvriers de la même manière que le nombre 430 contient le nombre 300 ouvriers qui doivent être employés ; ce nombre sera donc le quatrième terme d'une proportion dont les trois premiers seroient ceux-ci :

300 : 430 : : 15, ou 30 : 43 : : 15 ; ce qui est la même chose.

Opération.

```
30 : 45 :: 15
     15
-----------
    215
    45
-----------
    64,5 { 30
    45   { 21,5
    150
    000
```

Ce qui donne 21 jours 5 dixièmes ou 21 jours et demi. Si l'on avoit voulu avoir la fraction 5 dixièmes en heures, il auroit fallu multiplier le reste 15 par 5 pour en faire des heures, attendu que la journée de 60 ouvriers n'est que de 5 heures de travail.

CINQUIÈME QUESTION.

Il a fallu 9 hommes pour faire 45 mètres de toile en 4 jours; on demande combien il faudra d'hommes pour en faire 30 mètres en 6 jours.

Solution.

Le nombre d'hommes qu'il faut employer ici dépend et de la quantité de toile qu'il faut faire et du nombre de jours qu'on donne pour la faire. Il faut donc chercher quelle est la quantité qui

15...

doit être faite dans une même unité de temps. Or, 45 mètres de toile en 4 jours, c'est le quart de 45 mètres ou $11^{m}.,25$ en un jour : par la même raison, faire 30 mètres en 6 jours, c'est faire 5 mètres par jour : la question devient donc celle-ci :

9 hommes font ensemble $11^{m}.25$ de toile par jour ; combien en faut-il pour en faire 5 mètres ?

Il faut d'autant moins d'hommes qu'il y a moins de toile à faire ; on le trouvera au moyen de cette proportion :

$11^{m}.25 : 5 :: 9$

$$\begin{array}{r|l} 9 & \\ \hline 45,00 & 11,25 \\ 0000 & \overline{4} \end{array}$$

Ce qui donne 4 hommes ; ainsi que l'on peut s'en assurer. En effet, si 9 hommes font $11^{m}.25$, un homme fait $\frac{11^{m}.25}{9}$. Si l'on multiplie cette fraction par 4, on aura ce que feront 4 hommes pendant un jour ; enfin si l'on multiplie ce produit par 6, on aura ce que feront ces 4 hommes en 6 jours, qui devra, s'il n'a point été commis d'erreur, être egal à 30 mètres.

On auroit pu prendre pour unité de temps tout autre nombre que l'unité. Par exemple, en multipliant 45 par 6, on auroit eu la quantité de toile que 9 hommes sont capables de faire en 24 jours; et en multipliant 30 par 4 on auroit la quantité que doit faire le nombre d'hommes cherché aussi en 6 jours. On pourroit prendre tous les multiples et sous-multiples des nombres de jours qui doivent être employés. On prend toujours celui qui semble devoir rendre le calcul plus commode.

SIXIEME QUESTION.

Un particulier a placé un capital de 240 f., il a reçu, au bout de 4 ans, 48 f. d'intérêt; il désire placer un autre capital de 2355 f., au même denier, et demande combien il faudra qu'il attende pour toucher 434 f. d'intérêt de ce dernier capital?

Solution.

Le denier étant fixé, il est clair que le temps qu'il faut attendre dépend et de la grandeur de la somme placée et de la grandeur de celle qu'on veut toucher pour intérêt.

Cherchons d'abord à établir l'unité de somme. Pour cela, je dis : si 240 f. rapportent 48 f., chaque franc rapporte $\frac{248}{240}$ de franc ; de même, si 2355 francs donnent 434, chaque franc rapportera $\frac{434}{2355}$ de franc ; mais $\frac{48}{240}$ constituant l'intérêt d'un franc au bout de 4 ans, $\frac{434}{2355}$ constituent l'intérêt au bout du temps qu'il s'agit de déterminer. Or, il est clair que ces temps sont proportionnels aux sommes qu'ils produisent ; conséquemment on aura,

$$\frac{48}{240} : \frac{434}{2355} :: 4$$

Multipliant $\frac{434}{2355}$ par 4, et divisant le produit par $\frac{48}{240}$, suivant les règles indiquées par la multiplication et la division des fractions, on aura le temps cherché.

On auroit pu également résoudre la question, en rendant l'intérêt le même. Pour cela, j'aurois dit : si 240 francs donnent 48 francs d'intérêt pendant 4 ans, combien en faudra-t-il pour produire 434 francs dans le même temps ? Ce qui m'eût donné cette proportion :

$$48 : 434 :: 240$$

Opération.

48 : 434 : : 240
240

17360
868

104,160 { 48
81 { 2170
336
0000

Il faudroit donc 2170 francs pour rapporter 434 francs au bout de 4 ans, conséquemment, si l'on veut savoir combien il faut de temps pour que 2355 fr. rapportent aussi 434, il faudra faire cette proportion

2355 : 2170 : : 4,

parce qu'alors les temps sont d'autant plus petits que les sommes sont plus considérables (c'est ce qu'on appelle être en raison inverse; ainsi l'on diroit que les temps sont en raison inverse des sommes). Si l'on cherche le quatrième terme, comme nous l'avons fait jusqu'ici, on aura le terme au bout duquel les 2355 f. auroient rapporté 434 francs.

Il sera bon de le chercher des deux

manières ; on devra trouver le même résultat.

On pourra s'exercer également sur l'exemple suivant.

18 hommes ont fait 45 mètres d'ouvrage en 16 jours ; combien 8 hommes mettront-ils de jours pour en faire 30 mètres.

Avec un peu d'attention, on verra qu'elle est la même que la précédente.

SEPTIEME QUESTION.

Un père ordonne par son testament que le partage de sa fortune, que l'on ne connoît point, se fera de la manière suivante : 1°. le fils aîné aura le tiers de la totalité ; le second n'aura que les deux tiers de la part de son aîné ; enfin le troisième n'aura que le quart de la somme des deux autres ; 2°. le reste sera distribué aux pauvres.

On demande quelle est la somme qui est destinée aux pauvres, sachant seulement que les trois fils ont reçu ensemble 32000 f.

Solution.

Si la fortune du père étoit connue, on trouveroit immédiatement la somme qui doit être distribuée, en retranchant de la fortune totale la somme des trois parts données par l'état de la question.

La solution dépend donc de la connoissance de la fortune du père. Pour la trouver, je réduis d'abord les parts des deux derniers fils, qui sont données en fractions l'une de l'autre, en fractions de la fortune du père. Pour cela, j'observe que le second ayant les deux tiers de la part du premier, a les $\frac{2}{3}$ du tiers de la fortune totale ; mais prenant les $\frac{2}{3}$ d'une fraction, c'est multiplier cette fraction par $\frac{2}{3}$. Conséquemment la part du second sera les $\frac{2}{9}$ de la fortune du père.

Maintenant le troisième fils a le quart de la somme qu'ont ensemble ses deux aînés ; cette somme et $\frac{1}{3}$ plus $\frac{2}{9}$, ou en réduisant $\frac{1}{3}$ en neuvièmes, afin de faire l'addition, $\frac{3}{9}$ plus $\frac{2}{9}$, ou $\frac{5}{9}$, dont le quart est $\frac{5}{36}$.

La question est donc ramenée à celle-ci : on a une certaine somme (la fortune du père), que l'on ne connoît point ; on sait seulement que le tiers de cette somme, deux neuvièmes et les cinq trente-sixièmes forment ensemble 32000 francs ; quelle est cette somme ?

Pour cela je prends arbitrairement

un nombre dont je puisse prendre facilement et sans aucune fraction (pour ne point compliquer inutilement les calculs), le tiers, les deux neuvièmes et les cinq trente-sixièmes ; le nombre 36, par exemple : le tiers de 36 est 12, les deux neuvièmes sont 8, et les cinq trente-sixièmes égalent 5 ; ces trois fractions réunies forment ensemble 25. Mais les parties semblables, deux quantités se contiennent de la même manière que ces quantités elles-mêmes. Conséquemment 25 tiers plus 2 neuvièmes plus 5 trente-sixièmes du nombre 36 que j'ai supposé, est contenu dans 32000 tiers plus $\frac{2}{9} \times \frac{5}{36}$ du nombre cherché, autant de fois que 36, nombre supposé, est contenu dans le nombre qu'il s'agit de trouver.

Le nombre cherché est donc le quatrième terme de cette proportion :

25 : 32000 : : 36

```
         36
    ----------
     192000
     96
    ----------
    115,2000 { 25
     152     } ---------
       200   } 46080
       000
```

Ce

Deuxième.	*Troisième.*
25,3	6,5423
16	0,0045
1518	327115
253	261692
404,8	0,02944035

Quatrième.	*Cinquième.*
2,6	13,42
5,17	0,2005
182	6710
26	2684
130	2,690710
13,442	

```
     6,23591
     4,57284
    --------
    2494364
    311796
   436531
  1247
  498
  25
  --------
  28,51481
```

```
   3,52041
   0,42682
   --------
   1408164
   70408
   21120
   2816
   70
   --------
   1,502578
```

$$\frac{1}{45} \quad \begin{array}{l|l} 45 & 42 \\ 300 & \overline{1,071} \\ 060 & \end{array}$$

Ce qui donne 46080 f. pour la fortune du père. Si l'on en retranche 32000 f., somme des parts des trois fils, on aura 14080 f. pour la somme qui doit être distribuée aux pauvres. On peut s'assurer de l'exactitude de cette opération, en prenant le $\frac{1}{3}$, les $\frac{2}{9}$ et les $\frac{5}{18}$ de ces 46080 f., qui doivent former 32000 f.

Nota. Pour éviter les répétitions, nous ne donnerons point ici d'exemples des règles de troc ou d'échange, d'intérêt, du change, d'alliage, du cent et du mille, puisqu'elles se font au moyen des quatre règles principales, comme il est expliqué dans l'arithmétique ancienne.

Fin de l'Arithmétique.

TABLEAU

DE LA DÉPRÉCIATION DU PAPIER-MONNOIE,

Depuis le 1er. *janvier* 1790, *jusqu'au* 30 *fructidor an* 4 (16 *septembre* 1796).

Le louis d'or de 24 livres a été vendu en assignats, savoir :

1790.	l.	s.		l.	s.
1 janvier..	25	2	1 avril....	26	10
1 février...	24	16	1 mai.....	26	15
1 mars....	25		1 juin.....	28	5
1 avril....	25	6	1 juillet...	28	
1 mai.....	25	10	1 août.....	29	5
1 juin.....	25	10	1 septemb.	29	15
1 juillet...	25		1 octobre..	29	11
1 août.....	25	1	1 novemb..	29	5
1 septemb.	25	10	1 décemb..	31	6
1 octobre..	25	6			
1 novemb..	26	9	1792.		
1 décembr.	26	10			
			1 janvier..	35	5
1791.			1 février...	38	
			1 mars....	45	6
1 janvier..	26	3	1 avril....	44	12
1 février...	26	4	1 mai.....	40	16
1 mars....	26	6	1 juin.....	43	6

	l.	s.
1 juillet...	40	
1 août....	40	
1 septembr.	41	10
1 octobre..	39	12
1 novembr.	34	10
1 décembr.	34	15
1793.		
1 janvier..	38	1
1 février..	43	16
1 mars....	43	
1 avril....	48	
1 mai.....	55	
1 juin.....	61	
1 juillet...	72	5
1 août.....	75	
1 septemb.	76	
1 octobre..	83	
1 novembr.	81	
1 décembr.	55	
1794.		
1 janvier..	46	10
1 février...	59	6
1 mars....	58	
1 avril....	66	10
1 mai.....	66	15
1 juin....	71	
1 juillet...	80	
1 août....	72	

An 3.	l.	s.
1 vendém..	81	
1 brumaire.	92	
1 frimaire.	96	
1 nivose...	115	
1 pluviose.	128	10
1 ventose..	134	10
25........	172	
30........	200	
1 germinal.	204	
5..........	200	
10........	224	
15........	206	
20........	221	
25........	204	
30........	218	
1 floréal...	229	
5.........	238	
10.........	275	
15........	329	
20........	363	
25........	346	
30........	399	
1 prairial..	*id.*	
5.........	*id.*	
10........	415	
15.........	474	
20.........	580	
25.........	876	
30........	811	
1 messidor.	893	
5.........	661	

	l.	s.
10 messid..	758	
15	745	
20	740	
25	717	
30	755	
1 thermid.	*id.*	
5..........	787	
10..........	805	
15..........	803	
20	790	
25..........	830	
30..........	865	
1 fructid...	883	
5..........	930	
10..........	985	
15..........	1105	
20	1115	
25	1163	
30	1169	
1 j. compl..	1165	
6 compl...	1193	
An 4.		
1 vendém..	1200	
5..........	1145	
10	1210	
15	1198	
20	1315	
25	1705	
30	1695	
1 brumaire.	1685	
5	2376	

	l.	s.
10 brumair.	2600	
15	3045	
20	3285	
25	3109	
30	3315	
1 frimaire..	3400	
5	3035	
10	3565	
15	4355	
20	3785	
25	4216	
30	5200	
1 nivose...	5485	
5	5538	
10..........	4385	
15..........	5745	
20..........	5525	
25	5068	
30	5435	
1 pluviose .	5525	
5	5337	
10	5225	
15..........	5445	
20	6025	
25	6485	
30	6715	
1 ventose..	7010	
5	7550	
10	7300	
15..........	7562	
20	6975	
25	7100	
30	5650	

	l.	s.		l.	s.
1 germinal .	6200		1 prairial .	9150	
5..........	6100		5.........	10875	
10.........	5800		6.........	12000	
15.........	5950		7.........	12300	
20	5800		8.........	12350	
25.........	5900		10.........	11800	
30	5950		14.........	12425	
1 floréal...	6025		15.........	14775	
5..........	5950		16.........	17125	
10.........	6350		17.........	17950	
15.........	7025		18.........	17350	
20.........	7750		19.........	13100	
25.........	8300		20.........	8260	
30 floréal..	8650				

MANDATS *échangés contre des assignats au dessus de* 100 *liv.*, *à trente capitaux.*

100 livres de mandats ont été vendus en argent, savoir :

An 4.	l.	s.		l.	s.
			27 germin..	18	
1 germinal.	34	10	30.........	16	5
3..........	35		1 floréal...	15	5
6..........	32		3	15	15
9..........	27		6..........	15	
12	25		9..........	12	15
15.........	14		13	13	10
18.........	20		15	13	12
21.........	20	15	18	14	5
24.........	18	10	21	12	5

16...

	l.	s.
24 floréal..	12	
26	11	16
30	11	13
1 prairial..	12	
3	11	
5.........	9	15
9.........	7	5
12.........	7	4
14.........	6	8
18.........	4	8
20.........	10	15
23.........	8	15
26.........	8	12
30	8	7
1 messidor.	7	18
3.........	7	10
6	6	10
9.........	7	12
12	7	10
15	7	5
18	6	7
21	6	18
24	6	15
27	5	11
30	5	8

	l.	s.
1 thermid .	5	2
3..........	4	13
6..........	5	12
9..........	3	18
12	3	6
15	2	7
18	2	14
21.........	1	11
24.........	2	4
26	2	
30	2	16
1 fructidor.	3	9
3	2	18
6..........	2	11
8..........	3	2
12	2	10
15	2	14
18	3	5
21	3	17
24	5	2
26	6	5
28.........	4	15
30	3	18
1 j. compl..	4	15
4	4	1

CONCORDANCE

DES CALENDRIERS RÉPUBLICAIN ET GRÉGORIEN,

Depuis 1793 *jusques et compris l'an* 22.

Nota. Le calendrier républicain a été créé par les décrets de la Convention nationale du 5 octobre 1793, du 1er. jour du 2e. mois et du 4 frimaire de l'an 2, et fut aboli par le sénatus-consulte du 22 fructidor an 13, à partir du 11 nivose an 14 (1er. janvier 1806).

AN 2.	1793.	AN 2.	1793.	AN 2.	1793.
Vendémiaire. 1	Septembre. 22	15	6	29	20
2	23	16	7	30	21
3	24	17	8	Brumaire. 1	22
4	25	18	9	2	23
5	26	19	10	3	24
6	27	20	11	4	25
7	28	21	12	5	26
8	29	22	13	6	27
9	30	23	14	7	28
10	Octobre. 1	24	15	8	29
11	2	25	16	9	30
12	3	26	17	10	31
13	4	27	18	11	Nov. 1
14	5	28	19	12	2

AN 2.	1793.	AN 2.	1793.	AN 2.	1794.
13	3	18	8	23	12
14	4	19	9	24	13
15	5	20	10	25	14
16	6	21	11	26	15
17	7	22	12	27	16
18	8	23	13	28	17
19	9	24	14	29	18
20	10	25	15	30	19
21	11	26	16	Pluviose. 1	20
22	12	27	17	2	21
23	13	28	18	3	22
24	14	29	19	4	23
25	15	30	20	5	24
26	16	Nivose. 1	21	6	25
27	17	2	22	7	26
28	18	3	23	8	27
29	19	4	24	9	28
30	20	5	25	10	29
Frimaire. 1	21	6	26	11	30
2	22	7	27	12	31
3	23	8	28	13	Février. 1
4	24	9	29	14	2
5	25	10	30	15	3
6	26	11	31	16	4
7	27	12	Janvier 1794. 1	17	5
8	28	13	2	18	6
9	29	14	3	19	7
10	30	15	4	20	8
11	Décembre. 1	16	5	21	9
12	2	17	6	22	10
13	3	18	7	23	11
14	4	19	8	24	12
15	5	20	9	25	13
16	6	21	10	26	14
17	7	22	11	27	15

AN 2.	1794.	AN 2.	1794.	AN 2.	1794.
28	16	3	23	8	27
29	17	4	24	9	28
30	18	5	25	10	29
Ventose. 1	19	6	26	11	30
2	20	7	27	12	Mai. 1
3	21	8	28	13	2
4	22	9	29	14	3
5	23	10	30	15	4
6	24	11	31	16	5
7	25	12	Avril. 1	17	6
8	26	13	2	18	7
9	27	14	3	19	8
10	28	15	4	20	9
11	Mars. 1	16	5	21	10
12	2	17	6	22	11
13	3	18	7	23	12
14	4	19	8	24	13
15	5	20	9	25	14
16	6	21	10	26	15
17	7	22	11	27	16
18	8	23	12	28	17
19	9	24	13	29	18
20	10	25	14	30	19
21	11	26	15	Prairial. 1	20
22	12	27	16	2	21
23	13	28	17	3	22
24	14	29	18	4	23
25	15	30	19	5	24
26	16	Floréal. 1	20	6	25
27	17	2	21	7	26
28	18	3	22	8	27
29	19	4	23	9	28
30	20	5	24	10	29
Ger. 1	21	6	25	11	30
2	22	7	26	12	31

AN 2.	1794.	AN 2.	1794.	AN 2.	1794.
13	Juin. 1	18	6	23	10
14	2	19	7	24	11
15	3	20	8	25	12
16	4	21	9	26	13
17	5	22	10	27	14
18	6	23	11	28	15
19	7	24	12	29	16
20	8	25	13	30	17
21	9	26	14	Fructidor. 1	18
22	10	27	15	2	19
23	11	28	16	3	20
24	12	29	17	4	21
25	13	30	18	5	22
26	14	Thermidor. 1	19	6	23
27	15	2	20	7	24
28	16	3	21	8	25
29	17	4	22	9	26
30	18	5	23	10	27
Messidor. 1	19	6	24	11	28
2	20	7	25	12	29
3	21	8	26	13	30
4	22	9	27	14	31
5	23	10	28	15	Septembre. 1
6	24	11	29	16	2
7	25	12	30	17	3
8	26	13	31	18	4
9	27	14	Août. 1	19	5
10	28	15	2	20	6
11	29	16	3	21	7
12	30	17	4	22	8
13	Juillet. 1	18	5	23	9
14	2	19	6	24	10
15	3	20	7	25	11
16	4	21	8	26	12
17	5	22	9	27	13

AN 3.	1794.	AN 3.	1794.	AN 3.	1794.
28	14	28	19	3	23
29	15	29	20	4	24
30	16	30	21	5	25
J. compl. 1	17	Brumaire. 1	22	6	26
2	18	2	23	7	27
3	19	3	24	8	28
4	20	4	25	9	29
5	21	5	26	10	30
Vendémiaire an 3. 1	22	6	27	11	Décembre. 1
2	23	7	28	12	2
3	24	8	29	13	3
4	25	9	30	14	4
5	26	10	31	15	5
6	27	11	Novembre. 1	16	6
7	28	12	2	17	7
8	29	13	3	18	8
9	30	14	4	19	9
10	Octobre. 1	15	5	20	10
11	2	16	6	21	11
12	3	17	7	22	12
13	4	18	8	23	13
14	5	19	9	24	14
15	6	20	10	25	15
16	7	21	11	26	16
17	8	22	12	27	17
18	9	23	13	28	18
19	10	24	14	29	19
20	11	25	15	30	20
21	12	26	16	Nivose. 1	21
22	13	27	17	2	22
23	14	28	18	3	23
24	15	29	19	4	24
25	16	30	20	5	25
26	17	Frim. 1	21	6	26
27	18	2	22	7	27

AN 3.	1794.	AN 3.	1795.	AN 3.	1795.
8	28	13	Février. 1	18	8
9	29	14	2	19	9
10	30	15	3	20	10
11	31	16	4	21	11
12	Janvier 1795. 1	17	5	22	12
13	2	18	6	23	13
14	3	19	7	24	14
15	4	20	8	25	15
16	5	21	9	26	16
17	6	22	10	27	17
18	7	23	11	28	18
19	8	24	12	29	19
20	9	25	13	30	20
21	10	26	14	Germinal. 1	21
22	11	27	15	2	22
23	12	28	16	3	23
24	13	29	17	4	24
25	14	30	18	5	25
26	15	Ventose. 1	19	6	26
27	16	2	20	7	27
28	17	3	21	8	28
29	18	4	22	9	29
30	19	5	23	10	30
Pluviose. 1	20	6	24	11	31
2	21	7	25	12	Avril. 1
3	22	8	26	13	2
4	23	9	27	14	3
5	24	10	28	15	4
6	25	11	Mars. 1	16	5
7	26	12	2	17	6
8	27	13	3	18	7
9	28	14	4	19	8
10	29	15	5	20	9
11	30	16	6	21	10
12	31	17	7	22	11

AN 3.	1795.	AN 3	1795.	AN 3.	1795.
23	12	28	17	3	21
24	13	29	18	4	22
25	14	30	19	5	23
26	15	Prairial. 1	20	6	24
27	16	2	21	7	25
28	17	3	22	8	26
29	18	4	23	9	27
30	19	5	24	10	28
Floréal. 1	20	6	25	11	29
2	21	7	26	12	30
3	22	8	27	13	Juillet. 1
4	23	9	28	14	2
5	24	10	29	15	3
6	25	11	30	16	4
7	26	12	31	17	5
8	27	13	Juin. 1	18	6
9	28	14	2	19	7
10	29	15	3	20	8
11	30	16	4	21	9
12	Mai. 1	17	5	22	10
13	2	18	6	23	11
14	3	19	7	24	12
15	4	20	8	25	13
16	5	21	9	26	14
17	6	22	10	27	15
18	7	23	11	28	16
19	8	24	12	29	17
20	9	25	13	30	18
21	10	26	14	Thermid. 1	19
22	11	27	15	2	20
23	12	28	16	3	21
24	13	29	17	4	22
25	14	30	18	5	23
26	15	Mes. 1	19	6	24
27	16	2	20	7	25

An 3.	1795.	An 3.	1795.	An 4.	1795.
8	26	13	30	12	4
9	27	14	31	13	5
10	28	15	Septembre. 1	14	6
11	29	16	2	15	7
12	30	17	3	16	8
13	31	18	4	17	9
14	Août. 1	19	5	18	10
15	2	20	6	19	11
16	3	21	7	20	12
17	4	22	8	21	13
18	5	23	9	22	14
19	6	24	10	23	15
20	7	25	11	24	16
21	8	26	12	25	17
22	9	27	13	26	18
23	10	28	14	27	19
24	11	29	15	28	20
25	12	30	16	29	21
26	13	J. complém. 1	17	30	22
27	14	2	18	Brumaire. 1	23
28	15	3	19	2	24
29	16	4	20	3	25
30	17	5	21	4	26
Fructidor. 1	18	6	22	5	27
2	19	Vendémiaire an 4. 1	23	6	28
3	20	2	24	7	29
4	21	3	25	8	30
5	22	4	26	9	31
6	23	5	27	10	Novembre. 1
7	24	6	28	11	2
8	25	7	29	12	3
9	26	8	30	13	4
10	27	9	Oct. 1	14	5
11	28	10	2	15	6
12	29	11	3	16	7

AN 4.	1795.	AN 4.	1795.	AN 4.	1796.
17	8	22	13	27	17
18	9	23	14	28	18
19	10	24	15	29	19
20	11	25	16	30	20
21	12	26	17	Pluviose. 1	21
22	13	27	18	2	22
23	14	28	19	3	23
24	15	29	20	4	24
25	16	30	21	5	25
26	17	Nivose. 1	22	6	26
27	18	2	23	7	27
28	19	3	24	8	28
29	20	4	25	9	29
30	21	5	26	10	30
Frimaire. 1	22	6	27	11	31
2	23	7	28	12	Février. 1
3	24	8	29	13	2
4	25	9	30	14	3
5	26	10	31	15	4
6	27	11	Janvier 1796. 1	16	5
7	28	12	2	17	6
8	29	13	3	18	7
9	30	14	4	19	8
10	Décembre. 1	15	5	20	9
11	2	16	6	21	10
12	3	17	7	22	11
13	4	18	8	23	12
14	5	19	9	24	13
15	6	20	10	25	14
16	7	21	11	26	15
17	8	22	12	27	16
18	9	23	13	28	17
19	10	24	14	29	18
20	11	25	15	30	19
21	12	26	16		

AN 4.	1796.	AN 4.	1796.	AN 4.	1796.
Ventose. 1	20	6	26	11	30
2	21	7	27	12	Mai. 1
3	22	8	28	13	2
4	23	9	29	14	3
5	24	10	30	15	4
6	25	11	31	16	5
7	26	12	Avril. 1	17	6
8	27	13	2	18	7
9	28	14	3	19	8
10	29	15	4	20	9
11	Mars. 1	16	5	21	10
12	2	17	6	22	11
13	3	18	7	23	12
14	4	19	8	24	13
15	5	20	9	25	14
16	6	21	10	26	15
17	7	22	11	27	16
18	8	23	12	28	17
19	9	24	13	29	18
20	10	25	14	30	19
21	11	26	15	Prairial. 1	20
22	12	27	16	2	21
23	13	28	17	3	22
24	14	29	18	4	23
25	15	30	19	5	24
26	16	Floréal. 1	20	6	25
27	17	2	21	7	26
28	18	3	22	8	27
29	19	4	23	9	28
30	20	5	24	10	29
Germinal. 1	21	6	25	11	30
2	22	7	26	12	31
3	23	8	27	13	Juin. 1
4	24	9	28	14	2
5	25	10	29	15	3

AN 4.	1796.	AN 4.	1796.	AN 4.	1796.
16	4	21	9	26	13
17	5	22	10	27	14
18	6	23	11	28	15
19	7	24	12	29	16
20	8	25	13	30	17
21	9	26	14	Fructidor. 1	18
22	10	27	15	2	19
23	11	28	16	3	20
24	12	29	17	4	21
25	13	30	18	5	22
26	14	Thermidor. 1	19	6	23
27	15	2	20	7	24
28	16	3	21	8	25
29	17	4	22	9	26
30	18	5	23	10	27
Messidor. 1	19	6	24	11	28
2	20	7	25	12	29
3	21	8	26	13	30
4	22	9	27	14	31
5	23	10	28	15	Septembre. 1
6	24	11	29	16	2
7	25	12	30	17	3
8	26	13	31	18	4
9	27	14	Août. 1	19	5
10	28	15	2	20	6
11	29	16	3	21	7
12	30	17	4	22	8
13	Juillet. 1	18	5	23	9
14	2	19	6	24	10
15	3	20	7	25	11
16	4	21	8	26	12
17	5	22	9	27	13
18	6	23	10	28	14
19	7	24	11	29	15
20	8	25	12	30	16

AN 4.	1796.	AN 5.	1796.	AN 5.	1796.
5. J. compl. 1	17	Brumaire. 1	22	6	26
2	18	2	23	7	27
3	19	3	24	8	28
4	20	4	25	9	29
5	21	5	26	10	30
Vendémiaire an 5. 1	22	6	27	11	Décembre. 1
2	23	7	28	12	2
3	24	8	29	13	3
4	25	9	30	14	4
5	26	10	31	15	5
6	27	11	Novembre. 1	16	6
7	28	12	2	17	7
8	29	13	3	18	8
9	30	14	4	19	9
10	Octobre. 1	15	5	20	10
11	2	16	6	21	11
12	3	17	7	22	12
13	4	18	8	23	13
14	5	19	9	24	14
15	6	20	10	25	15
16	7	21	11	26	16
17	8	22	12	27	17
18	9	23	13	28	18
19	10	24	14	29	19
20	11	25	15	30	20
21	12	26	16	Nivose. 1	21
22	13	27	17	2	22
23	14	28	18	3	23
24	15	29	19	4	24
25	16	30	20	5	25
26	17	Frimaire. 1	21	6	26
27	18	2	22	7	27
28	19	3	23	8	28
29	20	4	24	9	29
30	21	5	25	10	30

AN 5.	1796.	AN 5.	1797.	AN 5.	1797.
11	31	16	4	21	11
12	Janvier 1797. 1	17	5	22	12
13	2	18	6	23	13
14	3	19	7	24	14
15	4	20	8	25	15
16	5	21	9	26	16
17	6	22	10	27	17
18	7	23	11	28	18
19	8	24	12	29	19
20	9	25	13	30	20
21	10	26	14	Germinal. 1	21
22	11	27	15	2	22
23	12	28	16	3	23
24	13	29	17	4	24
25	14	30	18	5	25
26	15	Ventose. 1	19	6	26
27	16	2	20	7	27
28	17	3	21	8	28
29	18	4	22	9	29
30	19	5	23	10	30
Pluviose. 1	20	6	24	11	31
2	21	7	25	12	Avril. 1
3	22	8	26	13	2
4	23	9	27	14	3
5	24	10	28	15	4
6	25	11	Mars. 1	16	5
7	26	12	2	17	6
8	27	13	3	18	7
9	28	14	4	19	8
10	29	15	5	20	9
11	30	16	6	21	10
12	31	17	7	22	11
13	Févr. 1	18	8	23	12
14	2	19	9	24	13
15	3	20	10	25	14

AN 5.	1797.	AN 5.	1797.	AN 5.	1797.
26	15	Prairial. 1	20	6	24
27	16	2	21	7	25
28	17	3	22	8	26
29	18	4	23	9	27
30	19	5	24	10	28
Floréal. 1	20	6	25	11	29
2	21	7	26	12	30
3	22	8	27	13	Juillet. 1
4	23	9	28	14	2
5	24	10	29	15	3
6	25	11	30	16	4
7	26	12	31	17	5
8	27	13	Juin. 1	18	6
9	28	14	2	19	7
10	29	15	3	20	8
11	30	16	4	21	9
12	Mai. 1	17	5	22	10
13	2	18	6	23	11
14	3	19	7	24	12
15	4	20	8	25	13
16	5	21	9	26	14
17	6	22	10	27	15
18	7	23	11	28	16
19	8	24	12	29	17
20	9	25	13	30	18
21	10	26	14	Thermidor. 1	19
22	11	27	15	2	20
23	12	28	16	3	21
24	13	29	17	4	22
25	14	30	18	5	23
26	15	Messidor. 1	19	6	24
27	16	2	20	7	25
28	17	3	21	8	26
29	18	4	22	9	27
30	19	5	23	10	28

AN 5.	1797.	AN 5.	1797.	AN 6.	1797.
11	29	15	Septembre. 1	15	6
12	30	16	2	16	7
13	31	17	3	17	8
14	Août. 1	18	4	18	9
15	2	19	5	19	10
16	3	20	6	20	11
17	4	21	7	21	12
18	5	22	8	22	13
19	6	23	9	23	14
20	7	24	10	24	15
21	8	25	11	25	16
22	9	26	12	26	17
23	10	27	13	27	18
24	11	28	14	28	19
25	12	29	15	29	20
26	13	30	16	30	21
27	14	J. compl. 1	17	Brumaire. 1	22
28	15	2	18	2	23
29	16	3	19	3	24
30	17	4	20	4	25
Fructidor. 1	18	5	21	5	26
2	19	Vendémiaire an 6. 1	22	6	27
3	20	2	23	7	28
4	21	3	24	8	29
5	22	4	25	9	30
6	23	5	26	10	31
7	24	6	27	11	Novembre. 1
8	25	7	28	12	2
9	26	8	29	13	3
10	27	9	30	14	4
11	28	10	Octobre. 1	15	5
12	29	11	2	16	6
13	30	12	3	17	7
14	31	13	4	18	8
		14	5	19	9

AN 6.	1797.	AN 6.	1797.	AN 6.	1798.
20	10	25	15	30	19
21	11	26	16	Pluviose. 1	20
22	12	27	17	2	21
23	13	28	18	3	22
24	14	29	19	4	23
25	15	30	20	5	24
26	16	Nivose. 1	21	6	25
27	17	2	22	7	26
28	18	3	23	8	27
29	19	4	24	9	28
30	20	5	25	10	29
Frimaire. 1	21	6	26	11	30
2	22	7	27	12	31
3	23	8	28	13	Février. 1
4	24	9	29	14	2
5	25	10	30	15	3
6	26	11	31	16	4
7	27	12	Janvier 1798. 1	17	5
8	28	13	2	18	6
9	29	14	3	19	7
10	30	15	4	20	8
11	Décembre. 1	16	5	21	9
12	2	17	6	22	10
13	3	18	7	23	11
14	4	19	8	24	12
15	5	20	9	25	13
16	6	21	10	26	14
17	7	22	11	27	15
18	8	23	12	28	16
19	9	24	13	29	17
20	10	25	14	30	18
21	11	26	15	Ventose. 1	19
22	12	27	16	2	20
23	13	28	17	3	21
24	14	29	18	4	22

AN 6.	1798.	AN 6.	1798.	AN 6.	1798.
5	23	10	30	15	4
6	24	11	31	16	5
7	25	12	Avril. 1	17	6
8	26	13	2	18	7
9	27	14	3	19	8
10	28	15	4	20	9
11	Mars. 1	16	5	21	10
12	2	17	6	22	11
13	3	18	7	23	12
14	4	19	8	24	13
15	5	20	9	25	14
16	6	21	10	26	15
17	7	22	11	27	16
18	8	23	12	28	17
19	9	24	13	29	18
20	10	25	14	30	19
21	11	26	15	Prairial. 1	20
22	12	27	16	2	21
23	13	28	17	3	22
24	14	29	18	4	23
25	15	30	19	5	24
26	16	Floréal. 1	20	6	25
27	17	2	21	7	26
28	18	3	22	8	27
29	19	4	23	9	28
30	20	5	24	10	29
Germinal. 1	21	6	25	11	30
2	22	7	26	12	31
3	23	8	27	13	Juin. 1
4	24	9	28	14	2
5	25	10	29	15	3
6	26	11	30	16	4
7	27	12	Mai. 1	17	5
8	28	13	2	18	6
9	29	14	3	19	7

AN 6.	1798.	AN 6.	1798.	AN 6.	1798.
20	8	25	13	30	17
21	9	26	14	Fructid. 1	18
22	10	27	15	2	19
23	11	28	16	3	20
24	12	29	17	4	21
25	13	30	18	5	22
26	14	Thermid. 1	19	6	23
27	15	2	20	7	24
28	16	3	21	8	25
29	17	4	22	9	26
30	18	5	23	10	27
Messidor. 1	19	6	24	11	28
2	20	7	25	12	29
3	21	8	26	13	30
4	22	9	27	14	31
5	23	10	28	15	Septembre. 1
6	24	11	29	16	2
7	25	12	30	17	3
8	26	13	31	18	4
9	27	14	Août. 1	19	5
10	28	15	2	20	6
11	29	16	3	21	7
12	30	17	4	22	8
13	Juillet. 1	18	5	23	9
14	2	19	6	24	10
15	3	20	7	25	11
16	4	21	8	26	12
17	5	22	9	27	13
18	6	23	10	28	14
19	7	24	11	29	15
20	8	25	12	30	16
21	9	26	13	J. comp. 1	17
22	10	27	14	2	18
23	11	28	15	3	19
24	12	29	16	4	20

AN 6.	1798.	AN 7.	1798.	AN 7.	1798.
5	21	5	26	10	30
Vendémiaire an 7. 1	22	6	27	11	Décemb. 1
2	23	7	28	12	2
3	24	8	29	13	3
4	25	9	30	14	4
5	26	10	31	15	5
6	27	11	Novembre. 1	16	6
7	28	12	2	17	7
8	29	13	3	18	8
9	30	14	4	19	9
10	Octobre. 1	15	5	20	10
11	2	16	6	21	11
12	3	17	7	22	12
13	4	18	8	23	13
14	5	19	9	24	14
15	6	20	10	25	15
16	7	21	11	26	16
17	8	22	12	27	17
18	9	23	13	28	18
19	10	24	14	29	19
20	11	25	15	30	20
21	12	26	16	Nivose. 1	21
22	13	27	17	2	22
23	14	28	18	3	23
24	15	29	19	4	24
25	16	30	20	5	25
26	17	Frimaire. 1	21	6	26
27	18	2	22	7	27
28	19	3	23	8	28
29	20	4	24	9	29
30	21	5	25	10	30
Brum. 1	22	6	26	11	31
2	23	7	27	12	Janv. 1799. 1
3	24	8	28	13	2
4	25	9	29	14	3

AN 7.	1799.	AN 7.	1799.	AN 7.	1799.
15	4	20	8	25	15
16	5	21	9	26	16
17	6	22	10	27	17
18	7	23	11	28	18
19	8	24	12	29	19
20	9	25	13	30	20
21	10	26	14	Germinal. 1	21
22	11	27	15	2	22
23	12	28	16	3	23
24	13	29	17	4	24
25	14	30	18	5	25
26	15	Ventose. 1	19	6	26
27	16	2	20	7	27
28	17	3	21	8	28
29	18	4	22	9	29
30	19	5	23	10	30
Pluviose. 1	20	6	24	11	31
2	21	7	25	12	Avril. 1
3	22	8	26	13	2
4	23	9	27	14	3
5	24	10	28	15	4
6	25	11	Mars. 1	16	5
7	26	12	2	17	6
8	27	13	3	18	7
9	28	14	4	19	8
10	29	15	5	20	9
11	30	16	6	21	10
12	31	17	7	22	11
13	Février. 1	18	8	23	12
14	2	19	9	24	13
15	3	20	10	25	14
16	4	21	11	26	15
17	5	22	12	27	16
18	6	23	13	28	17
10	7	24	14	29	18

AN. 7.	1799.	AN 7.	1799.	AN 7.	1799.
30	19	5	24	10	28
Floréal. 1	20	6	25	11	29
2	21	7	26	12	30
3	22	8	27	13	Juillet. 1
4	23	9	28	14	2
5	24	10	29	15	3
6	25	11	30	16	4
7	26	12	31	17	5
8	27	13	Juin. 1	18	6
9	28	14	2	19	7
10	29	15	3	20	8
11	30	16	4	21	9
12	Mai. 1	17	5	22	10
13	2	18	6	23	11
14	3	19	7	24	12
15	4	20	8	25	13
16	5	21	9	26	14
17	6	22	10	27	15
18	7	23	11	28	16
19	8	24	12	29	17
20	9	25	13	30	18
21	10	26	14	Thermid. 1	19
22	11	27	15	2	20
23	12	28	16	3	21
24	13	29	17	4	22
25	14	30	18	5	23
26	15	Messidor. 1	19	6	24
27	16	2	20	7	25
28	17	3	21	8	26
29	18	4	22	9	27
30	19	5	23	10	28
Prairial. 1	20	6	24	11	29
2	21	7	25	12	30
3	22	8	26	13	31
4	23	9	27		

AN 7.	1799.	AN 7.	1799.	AN 8.	1799.
14	Août. 1	19	5	18	10
15	2	20	6	19	11
16	3	21	7	20	12
17	4	22	8	21	13
18	5	23	9	22	14
19	6	24	10	23	15
20	7	25	11	24	16
21	8	26	12	25	17
22	9	27	13	26	18
23	10	28	14	27	19
24	11	29	15	28	20
25	12	30	16	29	21
26	13	J. complem. 1	17	30	22
27	14	2	18	Brum. 1	23
28	15	3	19	2	24
29	16	4	20	3	25
30	17	5	21	4	26
Fructidor. 1	18	6	22	5	27
2	19	Vendémiaire an 8. 1	23	6	28
3	20	2	24	7	29
4	21	3	25	8	30
5	22	4	26	9	31
6	23	5	27	10	Novemb. 1
7	24	6	28	11	2
8	25	7	29	12	3
9	26	8	30	13	4
10	27	9	Octobre. 1	14	5
11	28	10	2	15	6
12	29	11	3	16	7
13	30	12	4	17	8
14	31	13	5	18	9
15	Sept. 1	14	6	19	10
16	2	15	7	20	11
17	3	16	8	21	12
18	4	17	9	22	13

AN 8.	1799.	AN 8.	1799.	AN 8.	1800.
23	14	28	19	3	23
24	15	29	20	4	24
25	16	30	21	5	25
26	17	Nivose. 1	22	6	26
27	18	2	23	7	27
28	19	3	24	8	28
29	20	4	25	9	29
30	21	5	26	10	30
Frimaire. 1	22	6	27	11	31
2	23	7	28	12	Févr. 1
3	24	8	29	13	2
4	25	9	30	14	3
5	26	10	31	15	4
6	27	11	Janvier 1800. 1	16	5
7	28	12	2	17	6
8	29	13	3	18	7
9	30	14	4	19	8
10	Décembr. 1	15	5	20	9
11	2	16	6	21	10
12	3	17	7	22	11
13	4	18	8	23	12
14	5	19	9	24	13
15	6	20	10	25	14
16	7	21	11	26	15
17	8	22	12	27	16
18	9	23	13	28	17
19	10	24	14	29	18
20	11	25	15	30	19
21	12	26	16	Ventose, 1	20
22	13	27	17	2	21
23	14	28	18	3	22
24	15	29	19	4	23
25	16	30	20	5	24
26	17	Pluv. 1	21	6	25
27	18	2	22	7	26

18...

AN 8.	1800.	AN 8.	1800.	AN 8.	1800.
8	27	13	3	18	8
9	28	14	4	19	9
10	Mars. 1	15	5	20	10
11	2	16	6	21	11
12	3	17	7	22	12
13	4	18	8	23	13
14	5	19	9	24	14
15	6	20	10	25	15
16	7	21	11	26	16
17	8	22	12	27	17
18	9	23	13	28	18
19	10	24	14	29	19
20	11	25	15	30	20
21	12	26	16	Prairial. 1	21
22	13	27	17	2	22
23	14	28	18	3	23
24	15	29	19	4	24
25	16	30	20	5	25
26	17	Floréal. 1	21	6	26
27	18	2	22	7	27
28	19	3	23	8	28
29	20	4	24	9	29
30	21	5	25	10	30
Germinal. 1	22	6	26	11	31
2	23	7	27	12	Juin. 1
3	24	8	28	13	2
4	25	9	29	14	3
5	26	10	30	15	4
6	27	11	Mai. 1	16	5
7	28	12	2	17	6
8	29	13	3	18	7
9	30	14	4	19	8
10	31	15	5	20	9
11	Avril. 1	16	6	21	10
12	2	17	7	22	11

AN 8.	1800.	AN 8.	1800.	AN 8.	1800.
23	12	28	17	3	21
24	13	29	18	4	22
25	14	30	19	5	23
26	15	Thermidor. 1	20	6	24
27	16	2	21	7	25
28	17	3	22	8	26
29	18	4	23	9	27
30	19	5	24	10	28
Messidor. 1	20	6	25	11	29
2	21	7	26	12	30
3	22	8	27	13	31
4	23	9	28	14	Septembre. 1
5	24	10	29	15	2
6	25	11	30	16	3
7	26	12	31	17	4
8	27	13	Août. 1	18	5
9	28	14	2	19	6
10	29	15	3	20	7
11	30	16	4	21	8
12	Juillet. 1	17	5	22	9
13	2	18	6	23	10
14	3	19	7	24	11
15	4	20	8	25	12
16	5	21	9	26	13
17	6	22	10	27	14
18	7	23	11	28	15
19	8	24	12	29	16
20	9	25	13	30	17
21	10	26	14	J. compl. 1	18
22	11	27	15	2	19
23	12	28	16	3	20
24	13	29	17	4	21
25	14	30	18	5	22
26	15	Fruct. 1	19		
27	16	2	20		

	AN 9.		1800.		AN 9.		1800.		AN 9.		1800.
Vendémiaire.	1		23		6		28		10	Décembre.	1
	2		24		7		29		11		2
	3		25		8		30		12		3
	4		26		9		31		13		4
	5		27		10	Novemb.	1		14		5
	6		28		11		2		15		6
	7		29		12		3		16		7
	8		30		13		4		17		8
	9	Octobr.	1		14		5		18		9
	10		2		15		6		19		10
	11		3		16		7		20		11
	12		4		17		8		21		12
	13		5		18		9		22		13
	14		6		19		10		23		14
	15		7		20		11		24		15
	16		8		21		12		25		16
	17		9		22		13		26		17
	18		10		23		14		27		18
	19		11		24		15		28		19
	20		12		25		16		29		20
	21		13		26		17		30		21
	22		14		27		18	Nivose.	1		22
	23		15		28		19		2		23
	24		16		29		20		3		24
	25		17		30		21		4		25
	26		18	Frimaire.	1		22		5		26
	27		19		2		23		6		27
	28		20		3		24		7		28
	29		21		4		25		8		29
	30		22		5		26		9		30
Brum.	1		23		6		27		10		31
	2		24		7		28		11	Janv. 1801.	1
	3		25		8		29		12		2
	4		26		9		30		13		3
	5		27						14		4

AN 9.	1801.	AN 9.	1801.	AN 9.	1801.
15	5	20	9	25	16
16	6	21	10	26	17
17	7	22	11	27	18
18	8	23	12	28	19
19	9	24	13	29	20
20	10	25	14	30	21
21	11	26	15	Germinal. 1	22
22	12	27	16	2	23
23	13	28	17	3	24
24	14	29	18	4	25
25	15	30	19	5	26
26	16	Ventose. 1	20	6	27
27	17	2	21	7	28
28	18	3	22	8	29
29	19	4	23	9	30
30	20	5	24	10	31
Pluviose. 1	21	6	25	11	Avril. 1
2	22	7	26	12	2
3	23	8	27	13	3
4	24	9	28	14	4
5	25	10	Mars. 1	15	5
6	26	11	2	16	6
7	27	12	3	17	7
8	28	13	4	18	8
9	29	14	5	19	9
10	30	15	6	20	10
11	31	16	7	21	11
12	Février. 1	17	8	22	12
13	2	18	9	23	13
14	3	19	10	24	14
15	4	20	11	25	15
16	5	21	12	26	16
17	6	22	13	27	17
18	7	23	14	28	18
19	8	24	15	29	19

AN 9.	1801.	AN 9.	1801.	AN. 9.	1801.
30	20	5	25	10	29
Floréal. 1	21	6	26	11	30
2	22	7	27	12	Juillet. 1
3	23	8	28	13	2
4	24	9	29	14	3
5	25	10	30	15	4
6	26	11	31	16	5
7	27	12	Juin. 1	17	6
8	28	13	2	18	7
9	29	14	3	19	8
10	30	15	4	20	9
11	Mai. 1	16	5	21	10
12	2	17	6	22	11
13	3	18	7	23	12
14	4	19	8	24	13
15	5	20	9	25	14
16	6	21	10	26	15
17	7	22	11	27	16
18	8	23	12	28	17
19	9	24	13	29	18
20	10	25	14	30	19
21	11	26	15	Thermid. 1	20
22	12	27	16	2	21
23	13	28	17	3	22
24	14	29	18	4	23
25	15	30	19	5	24
26	16	Messidor. 1	20	6	25
27	17	2	21	7	26
28	18	3	22	8	27
29	19	4	23	9	28
30	20	5	24	10	29
Prairial. 1	21	6	25	11	30
2	22	7	26	12	31
3	23	8	27	13	Août. 1
4	24	9	28	14	2

AN 9.	1801.	AN 9.	1801.	AN 10.	1801.
15	3	20	7	20	12
16	4	21	8	21	13
17	5	22	9	22	14
18	6	23	10	23	15
19	7	24	11	24	16
20	8	25	12	25	17
21	9	26	13	26	18
22	10	27	14	27	19
23	11	28	15	28	20
24	12	29	16	29	21
25	13	30	17	30	22
26	14	J. compl. 1	18	Brum. 1	23
27	15	2	19	2	24
28	16	3	20	3	25
29	17	4	21	4	26
30	18	5	22	5	27
Fructidor. 1	19	Vendémiaire an 10. 1	23	6	28
2	20	2	24	7	29
3	21	3	25	8	30
4	22	4	26	9	31
5	23	5	27	10	Novembre. 1
6	24	6	28	11	2
7	25	7	29	12	3
8	26	8	30	13	4
9	27	9	Octobre. 1	14	5
10	28	10	2	15	6
11	29	11	3	16	7
12	30	12	4	17	8
13	31	13	5	18	9
14	Septembre. 1	14	6	19	10
15	2	15	7	20	11
16	3	16	8	21	12
17	4	17	9	22	13
18	5	18	10	23	14
19	6	19	11	24	15

AN 10.	1801.	AN 10.	1801.	AN 10.	1802.
25	16	30	21	5	25
26	17	Nivose. 1	22	6	26
27	18	2	23	7	27
28	19	3	24	8	28
29	20	4	25	9	29
30	21	5	26	10	30
Frimaire. 1	22	6	27	11	31
2	23	7	28	12	Février. 1
3	24	8	29	13	2
4	25	9	30	14	3
5	26	10	31	15	4
6	27	11	Janvier 1802. 1	16	5
7	28	12	2	17	6
8	29	13	3	18	7
9	30	14	4	19	8
10	Décembre. 1	15	5	20	9
11	2	16	6	21	10
12	3	17	7	22	11
13	4	18	8	23	12
14	5	19	9	24	13
15	6	20	10	25	14
16	7	21	11	26	15
17	8	22	12	27	16
18	9	23	13	28	17
19	10	24	14	29	18
20	11	25	15	30	19
21	12	26	16	Ventose. 1	20
22	13	27	17	2	21
23	14	28	18	3	22
24	15	29	19	4	23
25	16	30	20	5	24
26	17	Pluviose. 1	21	6	25
27	18	2	22	7	26
28	19	3	23	8	27
29	20	4	24	9	28

An 10.	1802.	An 10.	1802.	An 10.	1802.
10	Mars. 1	15	5	20	10
11	2	16	6	21	11
12	3	17	7	22	12
13	4	18	8	23	13
14	5	19	9	24	14
16	6	20	10	25	15
15	7	21	11	26	16
17	8	22	12	27	17
18	9	23	13	28	18
19	10	24	14	29	19
20	11	25	15	30	20
21	12	26	16	Prairial. 1	21
22	13	27	17	2	22
23	14	28	18	3	23
24	15	29	19	4	24
25	16	30	20	5	25
26	17	Floréal. 1	21	6	26
27	18	2	22	7	27
28	19	3	23	8	28
29	20	4	24	9	29
30	21	5	25	10	30
Germinal. 1	22	6	26	11	31
2	23	7	27	12	Juin. 1
3	24	8	28	13	2
4	25	9	29	14	3
5	26	10	30	15	4
6	27	11	Mai. 1	16	5
7	28	12	2	17	6
8	29	13	3	18	7
9	30	14	4	19	8
10	31	15	5	20	9
11	Avril. 1	16	6	21	10
12	2	17	7	22	11
13	3	18	8	23	12
14	4	19	9	24	13

AN 10.	1802.	AN 10.	1802.	AN 10.	1802.
25	14	30	19	5	23
26	15	Thermidor. 1	20	6	24
27	16	2	21	7	25
28	17	3	22	8	26
29	18	4	23	9	27
30	19	5	24	10	28
Messidor. 1	20	6	25	11	29
2	21	7	26	12	30
3	22	8	27	13	31
4	23	9	28	14	Septembre. 1
5	24	10	29	15	2
6	25	11	30	16	3
7	26	12	31	17	4
8	27	13	Août. 1	18	5
9	28	14	2	19	6
10	29	15	3	20	7
11	30	16	4	21	8
12	Juillet. 1	17	5	22	9
13	2	18	6	23	10
14	3	19	7	24	11
15	4	20	8	25	12
16	5	21	9	26	13
17	6	22	10	27	14
18	7	23	11	28	15
19	8	24	12	29	16
20	9	25	13	30	17
21	10	26	14	J. compl. 1	18
22	11	27	15	2	19
23	12	28	16	3	20
24	13	29	17	4	21
25	14	30	18	5	22
26	15	Fruct. 1	19	V. an 11. 1	23
27	16	2	20	2	24
28	17	3	21	3	25
29	18	4	22	4	26

AN II.	1802.	AN II.	1802.	AN II.	1802.
5	27	10	Novembre. 1	15	6
6	28	11	2	16	7
7	29	12	3	17	8
8	30	13	4	18	9
9	Octobre. 1	14	5	19	10
10	2	15	6	20	11
11	3	16	7	21	12
12	4	17	8	22	13
13	5	18	9	23	14
14	6	19	10	24	15
15	7	20	11	25	16
16	8	21	12	26	17
17	9	22	13	27	18
18	10	23	14	28	19
19	11	24	15	29	20
20	12	25	16	30	21
21	13	26	17	Nivose. 1	22
22	14	27	18	2	23
23	15	28	19	3	24
24	16	29	20	4	25
25	17	30	21	5	26
26	18	Frimaire. 1	22	6	27
27	19	2	23	7	28
28	20	3	24	8	29
29	21	4	25	9	30
30	22	5	26	10	31
Brumaire. 1	23	6	27	11	Janvier 1803. 1
2	24	7	28	12	2
3	25	8	29	13	3
4	26	9	30	14	4
5	27	10	Décemb. 1	15	5
6	28	11	2	16	6
7	29	12	3	17	7
8	30	13	4	18	8
9	31	14	5	19	9

AN II.	1803.	AN II.	1803.	AN II.	1803.
20	10	25	14	30	21
21	11	26	15	Germinal. 1	22
22	12	27	16	2	23
23	13	28	17	3	24
24	14	29	18	4	25
25	15	30	19	5	26
26	16	Ventose. 1	20	6	27
27	17	2	21	7	28
28	18	3	22	8	29
29	19	4	23	9	30
30	20	5	24	10	31
Pluviose. 1	21	6	25	11	Avril. 1
2	22	7	26	12	2
3	23	8	27	13	3
4	24	9	28	14	4
5	25	10	Mars. 1	15	5
6	26	11	2	16	6
7	27	12	3	17	7
8	28	13	4	18	8
9	29	14	5	19	9
10	30	15	6	20	10
11	31	16	7	21	11
12	Février. 1	17	8	22	12
13	2	18	9	23	13
14	3	19	10	24	14
15	4	20	11	25	15
16	5	21	12	26	16
17	6	22	13	27	17
18	7	23	14	28	18
19	8	24	15	29	19
20	9	25	16	30	20
21	10	26	17	Floréal. 1	21
22	11	27	18	2	22
23	12	28	19	3	23
24	13	29	20	4	24

AN 11.	1803.	AN 11.	1803.	AN 11.	1803.
5	25	10	30	15	4
6	26	11	31	16	5
7	27	12	Juin. 1	17	6
8	28	13	2	18	7
9	29	14	3	19	8
10	30	15	4	20	9
11	Mai. 1	16	5	21	10
12	2	17	6	22	11
13	3	18	7	23	12
14	4	19	8	24	13
15	5	20	9	25	14
16	6	21	10	26	15
17	7	22	11	27	16
18	8	23	12	28	17
19	9	24	13	29	18
20	10	25	14	30	19
21	11	26	15	Thermidor. 1	20
22	12	27	16	2	21
23	13	28	17	3	22
24	14	29	18	4	23
25	15	30	19	5	24
26	16	Messidor. 1	20	6	25
27	17	2	21	7	26
28	18	3	22	8	27
29	19	4	23	9	28
30	20	5	24	10	29
Prairial. 1	21	6	25	11	30
2	22	7	26	12	31
3	23	8	27	13	Août. 1
4	24	9	28	14	2
5	25	10	29	15	3
6	26	11	30	16	4
7	27	12	Juillet. 1	17	5
8	28	13	2	18	6
9	29	14	3	19	7

19...

AN 11.	1803.	AN 11.	1803.	AN 12.	1803.
20	8	25	12	24	17
21	9	26	13	25	18
22	10	27	14	26	19
23	11	28	15	27	20
24	12	29	16	28	21
25	13	30	17	29	22
26	14	J. complém. 1	18	30	23
27	15	2	19	Brumaire. 1	24
28	16	3	20	2	25
29	17	4	21	3	26
30	18	5	22	4	27
Fructidor. 1	19	6	23	5	28
2	20	Vendémiaire an 12. 1	24	6	29
3	21	2	25	7	30
4	22	3	26	8	31
5	23	4	27	9	Novembre. 1
6	24	5	28	10	2
7	25	6	29	11	3
8	26	7	30	12	4
9	27	8	Octobre. 1	13	5
10	28	9	2	14	6
11	29	10	3	15	7
12	30	11	4	16	8
13	31	12	5	17	9
14	Septembre. 1	13	6	18	10
15	2	14	7	19	11
16	3	15	8	20	12
17	4	16	9	21	13
18	5	17	10	22	14
19	6	18	11	23	15
20	7	19	12	24	16
21	8	20	13	25	17
22	9	21	14	26	18
23	10	22	15	27	19
24	11	23	16	28	20

AN 12.	1803.	AN 12.	1803	AN 12.	1804.
29	21	4	26	9	30
30	22	5	27	10	31
Frimaire. 1	23	6	28	11	Février. 1
2	24	7	29	12	2
3	25	8	30	13	3
4	26	9	31	14	4
5	27	10	Janvier 1804. 1	15	5
6	28	11	2	16	6
7	29	12	3	17	7
8	30	13	4	18	8
9	Décembre. 1	14	5	19	9
10	2	15	6	20	10
11	3	16	7	21	11
12	4	17	8	22	12
13	5	18	9	23	13
14	6	19	10	24	14
15	7	20	11	25	15
16	8	21	12	26	16
17	9	22	13	27	17
18	10	23	14	28	18
19	11	24	15	29	19
20	12	25	16	30	20
21	13	26	17	Ventose. 1	21
22	14	27	18	2	22
23	15	28	19	3	23
24	16	29	20	4	24
25	17	30	21	5	25
26	18	Pluviose. 1	22	6	26
27	19	2	23	7	27
28	20	3	24	8	28
29	21	4	25	9	29
30	22	5	26	10	Mars. 1
Niv. 1	23	6	27	11	2
2	24	7	28	12	3
3	25	8	29	13	4

AN 12.	1804.	AN 12.	1804.	AN 12.	1804.
14	5	19	9	24	14
15	6	20	10	25	15
16	7	21	11	26	16
17	8	22	12	27	17
18	9	23	13	28	18
19	10	24	14	29	19
20	11	25	15	30	20
21	12	26	16	Prairial. 1	21
22	13	27	17	2	22
23	14	28	18	3	23
24	15	29	19	4	24
25	16	30	20	5	25
26	17	Floréal. 1	21	6	26
27	18	2	22	7	27
28	19	3	23	8	28
29	20	4	24	9	29
30	21	5	25	10	30
Germinal. 1	22	6	26	11	31
2	23	7	27	12	Juin. 1
3	24	8	28	13	2
4	25	9	29	14	3
5	26	10	30	15	4
6	27	11	Mai. 1	16	5
7	28	12	2	17	6
8	29	13	3	18	7
9	30	14	4	19	8
10	31	15	5	20	9
11	Avril. 1	16	6	21	10
12	2	17	7	22	11
13	3	18	8	23	12
14	4	19	9	24	13
15	5	20	10	25	14
16	6	21	11	26	15
17	7	22	12	27	16
18	8	23	13	28	17

AN 12.	1804.	AN 12.	1804.	AN 12.	1804.
29	18	4	23	9	27
30	19	5	24	10	28
Messidor. 1	20	6	25	11	29
2	21	7	26	12	30
3	22	8	27	13	31
4	23	9	28	14	Septembre. 1
5	24	10	29	15	2
6	25	11	30	16	3
7	26	12	31	17	4
8	27	13	Août. 1	18	5
9	28	14	2	19	6
10	29	15	3	20	7
11	30	16	4	21	8
12	Juillet. 1	17	5	22	9
13	2	18	6	23	10
14	3	19	7	24	11
15	4	20	8	25	12
16	5	21	9	26	13
17	6	22	10	27	14
18	7	23	11	28	15
19	8	24	12	29	16
20	9	25	13	30	17
21	10	26	14	J. compl. 1	18
22	11	27	15	2	19
23	12	28	16	3	20
24	13	29	17	4	21
25	14	30	18	5	22
26	15	Fructidor. 1	19	Vendém. an 13. 1	23
27	16	2	20	2	24
28	17	3	21	3	25
29	18	4	22	4	26
30	19	5	23	5	27
Therm. 1	20	6	24	6	28
2	21	7	25	7	29
3	22	8	26	8	30

An 13.	1804.	An 13.	1804.	An 13.	1804.
9	Octobre. 1	14	5	19	10
10	2	15	6	20	11
11	3	16	7	21	12
12	4	17	8	22	13
13	5	18	9	23	14
14	6	19	10	24	15
15	7	20	11	25	16
16	8	21	12	26	17
17	9	22	13	27	18
18	10	23	14	28	19
19	11	24	15	29	20
20	12	25	16	30	21
21	13	26	17	Nivose. 1	22
22	14	27	18	2	23
23	15	28	19	3	24
24	16	29	20	4	25
25	17	30	21	5	26
26	18	Frimaire. 1	22	6	27
27	19	2	23	7	28
28	20	3	24	8	29
29	21	4	25	9	30
30	22	5	26	10	31
Brumaire. 1	23	6	27	11	Janvier 1805. 1
2	24	7	28	12	2
3	25	8	29	13	3
4	26	9	30	14	4
5	27	10	Décembre. 1	15	5
6	28	11	2	16	6
7	29	12	3	17	7
8	30	13	4	18	8
9	31	14	5	19	9
10	Nov. 1	15	6	20	10
11	2	16	7	21	11
12	3	17	8	22	12
13	4	18	9	23	13

AN 13.	1805.	AN 13.	1805.	AN 13.	1805.
24	14	29	18	4	25
25	15	30	19	5	26
26	16	Ventose. 1	20	6	27
27	17	2	21	7	28
28	18	3	22	8	29
29	19	4	23	9	30
30	20	5	24	10	31
Pluviose. 1	21	6	25	11	Avril. 1
2	22	7	26	12	2
3	23	8	27	13	3
4	24	9	28	14	4
5	25	10	Mars. 1	15	5
6	26	11	2	16	6
7	27	12	3	17	7
8	28	13	4	18	8
9	29	14	5	19	9
10	30	15	6	20	10
11	31	16	7	21	11
12	Février. 1	17	8	22	12
13	2	18	9	23	13
14	3	19	10	24	14
15	4	20	11	25	15
16	5	21	12	26	16
17	6	22	13	27	17
18	7	23	14	28	18
19	8	24	15	29	19
20	9	25	16	30	20
21	10	26	17	Floréal. 1	21
22	11	27	18	2	22
23	12	28	19	3	23
24	13	29	20	4	24
25	14	30	21	5	25
26	15	Germ. 1	22	6	26
27	16	2	23	7	27
28	17	3	24	8	28

AN 13.	1805.	AN 13.	1805.	AN 13.	1805.
9	29	14	3	19	8
10	30	15	4	20	9
11	Mai. 1	16	5	21	10
12	2	17	6	22	11
13	3	18	7	23	12
14	4	19	8	24	13
15	5	20	9	25	14
16	6	21	10	26	15
17	7	22	11	27	16
18	8	23	12	28	17
19	9	24	13	29	18
20	10	25	14	30	19
21	11	26	15	Thermidor. 1	20
22	12	27	16	2	21
23	13	28	17	3	22
24	14	29	18	4	23
25	15	30	19	5	24
26	16	Messidor. 1	20	6	25
27	17	2	21	7	26
28	18	3	22	8	27
29	19	4	23	9	28
30	20	5	24	10	29
Prairial. 1	21	6	25	11	30
2	22	7	26	12	31
3	23	8	27	13	Août. 1
4	24	9	28	14	2
5	25	10	29	15	3
6	26	11	30	16	4
7	27	12	Juillet. 1	17	5
8	28	13	2	18	6
9	29	14	3	19	7
10	30	15	4	20	8
11	31	16	5	21	9
12	Juin. 1	17	6	22	10
13	2	18	7	23	11

AN 13.

AN 13.	1805.	AN 13.	1805.	AN 14.	1805.
24	12	29	16	29	21
25	13	30	17	30	22
26	14	J. compl. 1	18	Brumaire. 1	23
27	15	2	19	2	24
28	16	3	20	3	25
29	17	4	21	4	26
30	18	5	22	5	27
Fructidor. 1	19	Vendémiaire an 14. 1	23	6	28
2	20	2	24	7	29
3	21	3	25	8	30
4	22	4	26	9	31
5	23	5	27	10	Novembre. 1
6	24	6	28	11	2
7	25	7	29	12	3
8	26	8	30	13	4
9	27	9	Octobre. 1	14	5
10	28	10	2	15	6
11	29	11	3	16	7
12	30	12	4	17	8
13	31	13	5	18	9
14	Septembre. 1	14	6	19	10
15	2	15	7	20	11
16	3	16	8	21	12
17	4	17	9	22	13
18	5	18	10	23	14
19	6	19	11	24	15
20	7	20	12	25	16
21	8	21	13	26	17
22	9	22	14	27	18
23	10	23	15	28	19
24	11	24	16	29	20
25	12	25	17	30	21
26	13	26	18	Frim. 1	22
27	14	27	19	2	23
28	15	28	20	3	24

AN 14.	1805. Décembre.	AN 14. Nivose.	1805. Janvier 1806.	AN 14. Pluviose.	1806.
4	25	27	18	20	10
5	26	28	19	21	11
6	27	29	20	22	12
7	28	30	21	23	13
8	29	1	22	24	14
9	30	2	23	25	15
10	1	3	24	26	16
11	2	4	25	27	17
12	3	5	26	28	18
13	4	6	27	29	19
14	5	7	28	30	20
15	6	8	29	1	21
16	7	9	30	2	22
17	8	10	31	3	23
18	9	11	1	4	24
19	10	12	2	5	25
20	11	13	3	6	26
21	12	14	4	7	27
22	13	15	5	8	28
23	14	16	6	9	29
24	15	17	7	10	30
25	16	18	8	11	31
26	17	19	9		

(Le Calendrier républicain a été abrogé le 11 Pluviose an 14).

SUPPLÉMENT.

An 14. 1806.

1 ventose . . 20 février	1 messid . . . 20 juin . .
1 germin. . . 22 mars. .	1 thermid . . 20 juillet.
1 floréal . . . 21 avril. .	1 fructid. . . 19 août. .
1 prairial . . 21 mai . . .	5e. j. compl. 22 sept. .

An 15. 1806.
1 vendém. 23 sept...
1 brum... 23 octobr
1 frimaire. 22 novem.
1 nivose... 22 décem..

1807.
1 pluv.... 21 janv....
1 ventose. 20 fév....
1 germin.. 22 mars...
1 floréal... 21 avril..
1 prairial.. 21 mai...
1 messid... 20 juin...
1 thermid. 20 juillet.
1 fructid.. 19 août....
6e. j. com. 23 sept....

An 16. 1807.
1 vendém. 24 sept...
1 brum. ...24 octobr.
1 frimaire. 23 novem.
1 nivose .. 23 décem.

1808.
1 pluviose. 22 janv....
1 ventose. 21 févr....
1 germin.. 22 mars..
1 floréal... 21 avril...
1 prairial.. 21 mai.....
1 messid.. 20 juin ...
1 thermid. 20 juillet..
1 fructid.. 19 août...
5e. j. com. 22 sept...

An 17. 1808.
1 vendém. 23 sept...
1 brum... 23 octobr.
1 frimaire. 22 novem.
1 nivose... 22 décem.

1809.
1 pluviose. 21 janv..
1 ventose. 20 févr...
1 germin.. 22 mars...
1 floréal... 21 avril..
1 prairial.. 21 mai.....
1 messid... 20 juin...
1 thermid. 20 juillet.
1 fructid.. 19 août...
5e. j. com.. 22 sept....

An 18. 1809..
1 vendém. 23 sept...
1 brum... 23 octobr.
1 frimaire. 22 novem.
1 nivose... 22 décem.

1810.
1 pluviose. 21 janv. .
1 ventose. 20 févr...
1 germin.. 22 mars...
1 floréal... 21 avril...
1 prairial.. 21 mai...
1 messid... 20 juin..
1 thermid. 20 juillet.
1 fructid... 19 août ..
5e. j. com.. 22 sept...

An 19. 1810.
1 vendém.. 23 sept...
1 brum.... 23 octob..
1 frimaire. 22 nov...
1 nivose... 22 décem.

20..

An 19. 1811.

1 pluviose. 21 janv..
1 ventose.. 20 févr. ..
1 germin... 22 mars...
1 floréal .. 21 avril ..
1 prairial.. 21 mai ...
1 messid .. 20 juin. ..
1 thermid. 20 juillet.
1 fructid. .. 29 août. .
6e, j. com.. 23 sept. ..

An 20. 1811.

1 vendém.. 24 sept...
1 brum ... 24 octobr.
1 frim. ... 23 nov ..
1 nivose .. 23 décem.

1812.

1 pluviose. 22 janv. ..
1 ventose. 21 févr ...
1 germin. . 22 mars ..
1 floréal ... 21 avril .
1 prairial.. 21 mai. ..
1 messid... 20 juin....
1 thermid. 20 juillet.
1 fructid... 19 août...
5e. j. com.. 22 sept. ..

An 21. 1812.

1 vendém. 23 sept. ..
1 brumair.. 23 octobr.
1 frimaire. 22 nov...
1 nivose. .. 22 décem.

1813.

1 pluviose. 21 janv...
1 ventose.. 20 févr ..
1 germin... 22 mars...
1 floréal. .. 21 avril...
1 prairial.. 21 mai ....
1 messid. .. 20 juin. ..
1 thermid. 20 juillet.
1 fructid. . 19 août. ..
5e. j. com.. 22 sept. ..

An 22. 1813.

1 vendém. 23 sept. .
1 brumair. 23 octob.
1 frimaire. 22 novem.
1 nivose. . 22 décem.

1814.

1 pluviose. 21 janv...
1 ventose.. 20 févr. ..
1 germin... 22 mars....
1 floréal . . 21 avril....
1 prairial.. 21 mai. ...
1 messid. .. 20 juin. ..
1 thermid. 20 juillet.
1 fructid... 19 août...
5e. j. com.. 22 sept. ..

MODÈLES de Pétitions, Promesses, Baux, Mémoires, Factures, Lettres de voitures, Billets à ordre, Lettres de change, Lettres de Commerce, etc., etc.

Pétition à Sa Majesté l'Empereur et Roi, par un militaire qui réclame une pension.

SIRE,

Trente années d'exercice, pendant lesquelles j'ai reçu un grand nombre de blessures pour le service de mon pays, dans divers combats où je me suis trouvé, appuyeront sans doute la réclamation que j'ose faire pour obtenir une pension militaire proportionnée à mes besoins. J'ai présenté mes papiers à son Excellence le ministre de la guerre, qui n'a pu jusqu'alors faire droit à ma demande, parce qu'il me manque encore quelques pièces que je ne puis retrouver. En conséquence, le suppliant a recours à V. M. I. et R. dans l'intime confiance qu'un soldat, couvert de blessures, ne sera pas privé de la récompense due à sa valeur, et que vous ordonnerez que, malgré le défaut de ces pièces, le ministre de la guerre déclarera que le suppliant sera admis à l'Hôtel Impérial des Invalides, ou qu'une pension lui sera payée à domicile. J'ose attendre cet acte de justice d'un prince géuéreux qui sait récompenser honorablement le soldat courageux qui verse son sang pour la défense de la patrie.

Présenté le 9 mai 1809.

Pétition à la Commission Sénatoriale de la liberté individuelle, pour obtenir son élargissement.

Paris, 2 février 1809.

Nosseigneurs,

D'après un ordre émané de son Excellence le ministre de la police générale, dont mes ennemis ont sans doute surpris la religion, j'ai été arrêté et conduit dans la prison de   Je porte mes réclamations devant vous, et j'en appelle à votre justice et à votre humanité, et j'ose espérer de votre impartialité que vous voudrez bien vous faire rendre compte de ma conduite, et ordonner ma mise en liberté. Dans cette attente, j'ai l'honneur d'être de Nosseigneurs le très-humble et très-obéissant serviteur.

Pétition à son Excellence le Grand Juge Ministre de la Justice, pour accélérer le jugement d'un procès.

Depuis plus d'un an j'éprouve de la part du tribunal civil de Caen des remises de huitaine en huitaine d'une cause pendante devant les juges il y a déjà deux mois. Ces retards de jugement me sont très-préjudiciables. C'est pourquoi je porte mes justes plaintes auprès de votre Excellence, et la prie instamment de vouloir bien ordonner au commissaire impérial auprès cette cour, que, d'après son réquisitoire, ma cause soit définitivement appelée et jugée.

Salut et respect.

Pétition pour réduction du droit proportionnel de la patente, à M. le Conseiller d'état, Préfet du département de la Seine.

Le soussigné THURIOT, marchand à Paris, rue de la Harpe, n°. 33, division du Théâtre Français, expose que, pour sa patente de 1807, dont le droit fixe est de 100 francs, il vient d'être taxé par erreur, d'après une location de 700 f., tandis que, vérification faite de la part de M. le Contrôleur du 11e. arrondissement, il a été reconnu qu'au moyen d'une sous-location de 150 f. au sieur ROBINET, depuis le premier janvier dernier, lequel est compris au rôle personnel de ladite année, d'après cette location, le loyer de lui THURIOT n'étoit plus que de la somme de 550 fr.; par conséquent que son droit proportionel ne devoit être que de 55 fr., et non de 70 fr. comme le porte l'avertissement.

En conséquence, il demande à M. le Conseiller-d'état-Préfet, d'être réduit pour son droit proportionnel sur le pied de 550 f. de location, déduction faite de la sous-location dont il vient d'être parlé.

Salut et respect.

THURIOT.

Pétition, pour obtenir une réduction de la contribution foncière, à M. le Conseiller-d'état-Préfet, etc.

Expose le soussigné qu'il est porté sur le rôle de la contribution foncière à la somme de 1500 fr. à cause de trois maisons dont il est propriétaire dans la commune de que, depuis dix-huit mois, un grand nombre d'appartemens dans ces maisons n'ont point été loués.

En conséquence, il invite M. le Conseiller-d'état-Préfet de la Seine de vouloir bien prendre en considération cette non location, qui cause au propriétaire soussigné un dommage réel, et de vouloir bien ordonner une diminution dans la somme de 1500 fr. à laquelle il est taxé pour sa contribution foncière de l'année....

Salut et respect,

PASCAL.

Promesse simple.

Je soussigné *Jacques* MAIRE reconnois devoir et promets payer à M. NOURTIER le

8 octobre prochain, la somme de *cinq cents francs*, valeur reçue comptant. Paris ce 8 janvier 1809.

Promesse solidaire.

Nous soussignés *Pascal* PREVOST, et *Georges* MOUTON, promettons payer solidairement le 9 septembre prochain, à M. LERIQUET, cultivateur à Limbœuf, la somme de *deux mille francs*, valeur reçue comptant. Mandeville, ce 8 mai 1809.

Promesse solidaire de deux époux.

Nous soussignés *Charles* JAPIOT, et *Félicité* DUBOIS, que j'autorise à l'effet des présentes, promettons payer solidairement à M. CORNU, le premier juin prochain, la somme de *quatre cents soixante-dix-huit francs* qu'il nous a prêtée cejourd'hui. Anvers, le 4 mars 1809.

Quittance d'ouvrier.

Je soussigné *Isidore* BAUDRY, journalier, reconnois avoir reçu de M. BONNEFOY, la somme de *dix-huit francs* pour travail chez lui fait pendant l'espace de six jours à raison de *trois francs* par jour. Isigny, le 8 février 1809.

Quittance d'une rente.

Je soussigné *Thomas* QUESNEL, reconnois avoir reçu de M. DELANGLE la somme de *trois cents francs* pour deux années d'arrérages de la rente qu'il me fait, échues le 1er. avril dernier. Bernay, le 4 juin 1809.

Quittance de loyer de maison.

Je soussigné *François* Hamel reconnois avoir recu de M. Mercier la somme de *huit cents francs* pour le loyer d'une maison qu'il tient de moi, ledit loyer échu le premier juillet dernier. Evreux, le premier août 1809.

Quittance de fermage.

Je soussigné *Thomas* Paturel reconnois avoir reçu de M. Polycarpe Aubin, cultivateur à Thomer, la somme de *deux cent cinquante francs*, pour le prix de l'année de ses fermages échue à la Saint-Michel dernier.

Grossœuvre, le 5 décembre 1809.

Quittance d'acompte.

Je soussigné *Nicolas* Houry reconnois avoir reçu de M. Hareng, la somme de *soixante-quinze francs*, pour acompte sur un mémoire des marchandises que je lui ai fournies dans le cours de l'année 1806.

Andely, le 27 février 1809.

Reconnoissance d'un dépôt.

Je soussigné *Alexandre* Brunet déclare et reconnois avoir reçu aujourd'hui en dépôt de M. *Abraham* Valognes la somme de *cinq cents francs*, que je promets lui remettre à sa première réquisition, et en me rendant la présente reconnoissance.

Caen, le 25 mars 1809.

Procuration pour donner à ferme.

Je soussigné *Pierre* MORISSET, propriétaire demeurant à Lagny, constitue pour mon procureur *Jacques* MONTIER, cultivateur à Saint-Valery sur mer, département de la Seine-Inférieure, auquel je donne par ces présentes le pouvoir d'affermer et donner à loyer les héritages qui m'appartiennent, sis en la commune dudit Saint-Valery, consistant en quarante-neuf hectares de terres labourables, au sieur *Thomas* NIVELIN fils, ou à toute autre personne qu'il avisera bien, pour tel temps, prix, charges et conditions qu'il jugera à propos, de passer tous baux et tous actes nécessaires, recevoir tous fermages, donner quittance, poursuivre les débiteurs qui refuseroient de payer, les faire saisir, arrêter; donner main-levée s'il est besoin, et faire généralement tout ce qu'il trouvera bon et convenable.

Fait à Lagny, ce 28 juin 1809.

Bail d'une ferme.

Nous soussignés *Xavier* SEBIROT et *Eustache* ROUZÉE, sommes convenus de ce qui suit :

Moi, *Xavier* SEBIROT, reconnois avoir donné et donne par le présent à *Eustache* ROUZÉE, à ce présent et acceptant, pour neuf années consécutives, qui commenceront au 30 septembre 1809 et finiront à pareil jour de l'année 1818, les héritages ci-après désignés, situés à Cracouville, et consistant en quarante-huit arpens de terres labourables, avec maison de fermier, écuries, pressoir, bergerie, etc.

(Il faut ici désigner chaque pièce en particulier, avec le triège auquel elle appartient, les diverses particuliers qui la bornent, etc.)

A la charge par le preneur de bien ensemencer et conserver les terres sans les dessaisonner, ni souffrir aucune entreprise de la part des voisins ou propriétaires aboutissans. — De faire toutes les réparations locatives aux bâtimens de la ferme, et de ne pouvoir rétrocéder sans la permission du bailleur ; en un mot, de maintenir en bon état tous les héritages désignés au présent.

Le présent Bail fait en outre moyennant la somme annuelle de deux mille francs, payables en quatre termes égaux de chacun cinq cents francs ; les premiers janvier, avril, juillet et octobre de chaque année, au paiement de laquelle somme de deux mille francs le preneur a obligé et oblige ses biens présens et à venir.

Fait double à Avrilly, le vingt-six juin 1809, et ont signé les parties, après lecture faite.

SEBIROT. ROUZÉE.

Mémoire de divers articles d'épiceries fournis à M. Bié, par Berry, épicier à Amiens.

Le 15 mai 1807.

1 Pain de sucre, pesant 5 liv. à 42 s.	10 l.	10 s.	
2 livres de café Martinique en grain, à 3 liv. 5 s.	6	10	
Une livre et demie de poivre blanc, à 4 liv.	6		
Le 3 juin.			
15 liv. de chandelle à 22 s.	16	10	
2 onces de cannelle, à 30 s.	3		
Une brique de savon, du poids de 5 liv. 8 onces, à 21 s.	5	15	6
TOTAL........	48	5	6

Reçu comptant le montant du présent Mémoire pour solde. A Amiens le 15 juin 1809.

BERRY.

Mémoire de divers articles de serrurerie faits et fournis à M. Landon, *par* Laforge, *serrurier, rue des Mauvaises-Paroles, à Paris.*

Le 5 avril 1807.

Une serrure de sûreté pour la porte d'entrée de son appartement.	21 liv.
4 tringles de croisée pour le salon, à 3 l. 5 s.	13
Pour avoir fourni et posé deux sonnettes, l'une dans la chambre à coucher, l'autre dans la salle à manger.	12
TOTAL..........	46 liv.

Reçu comptant le montant du Mémoire ci-dessus. Le 15 mai 1809.

Mémoire du linge que l'on donne à blanchir.

Du 7 août 1809.

	l.	s.
6 paires de draps à 10 s.	3 l.	s.
8 chemises d'homme garnies, à 5 s.	2	
5 *idem*, de femme, à 4 s.	1	
20 serviettes, à 1 s. 6 d.	1	10 s.
6 nappes et napperons, à 6 s.	1	16
4 tabliers de cuisine, à 2 s.		8
TOTAL..............	9	14

Lettre de Voiture.

A Paris, le 15 mai 1809.

L. F. N.° 3.

Marseille.

A la garde de Dieu et conduite de *Pierre* LAMY, voiturier à Versailles.

Je vous envoie *une balle en toile et cordée*, *contenant des draps et rien autre chose*, marquée comme en marge, *pesant cent quatre-vingt-quinze livres*, *poids de marc*, l'ayant reçue bien conditionnée, en *dix-huit jours*, à peine de perdre le tiers du prix de sa voiture que vous lui payerez, à raison de *quinze livres tournois* du cent pesant, poids de marc, et lui rembourserez un franc vingt-cinq centimes pour papier et timbre.

Nota. Le voiturier n'est pas responsable de la rupture des glaces, ni des choses fragiles, tant que les caisses, malles ou paniers ne sont poiut endommagés.

Votre dévoué serviteur,

OURY.

A Monsieur Lefort, Négociant près le port, à Marseille.

Billets à ordre.

Au trente octobre prochain, je paierai à M. LEBLOND ou ordre, la somme de six cents francs, valeur reçue en marchandises. A Paris, le 1er. juin 1809.

HUET.

B. P. 600 *fr.*

A deux usances je paierai à M. QUERSENT, ou ordre, la somme de quatre cent cinquante francs, valeur reçue comptant. Lyon, le 15 septembre 1809.

LALLIET.

B. P. 450 *fr.*

Mandat.

Marseille, le 20 *juin* 1809. *B. P.* 500 *fr.*

A cinq jours de vue, nous vous prions de payer contre le présent mandat, à M. TOURNACHOT, la somme de cinq cents francs, de laquelle nous vous tiendrons compte à la première occasion ; vous nous obligerez, et nous vous prions de nous croire.

Vos dévoués serviteurs

LECOMTE et LALLEMANT

A Messieurs

Girard frères, banquiers, rue Vivienne, à Paris.

N. B. Jadis, à Paris, les billets, valeur en marchandises, qui n'étoient pas stipulés à jour fixe, portoient trente jours de grace; ceux qui étoient valeur reçue comptant, sans désignation de jour fixe, portoient dix jours de grace, et tous ceux stipulés à jour fixe étoient payés le jour de leur échéance. Les lettres de change qui portoient le mot fixe, étoient payées aussi le jour de leur échéance, et toutes celles qui ne le portoient point avoient dix jours de grace. Toutes les provinces de France avoient aussi leurs usages particuliers; aujourd'hui Paris et toutes les villes de France sont soumises au nouveau Code de commerce. Il n'est plus nécessaire d'employer le mot *fixe* dans les billets et lettres de change, parce qu'ils sont tous exigibles le jour de leur échéance. Il faut, dans le cas de refus de paiement, que le protêt soit fait dans les vingt-quatre heures de l'échéance, sans quoi l'on n'auroit pas de recours contre les endosseurs. Il suffit que le protêt soit dénoncé aux endosseurs qui habitent la même ville que le porteur dans les quinze jours qui suivent l'échéance, et l'on a un jour en sus par dix lieues de distance.

Le mot usance signifie trente jours, ainsi deux usances font soixante jours.

Première Lettre de Change.

PREMIÈRE. *A Rouen, le 12 janvier* 1809. *B. P.* 1200 *fr.*

A vue, il vous plaira payer par cette première de change, à M. LEDUC, ou ordre, la somme de douze cents francs, valeur reçue comptant, que vous passerez en compte, suivant l'avis de

A Monsieur Votre dévoué s.r
Ledoux, négociant, BELLIARD.
A Dijon.

Seconde.

SECONDE. *A Rouen, le 12 janvier* 1809, *B. P.* 1200 *fr.*

A vue, il vous plaira payer par cette seconde de change (la première ne l'étant) à M. LEDUC, ou ordre, la somme de douze cents francs, valeur reçue comptant, que vous passerez en compte, suivant l'avis de

A Monsieur Votre dévoué s.r
Ledoux, négociant, BELLIARD.
A Dijon.

N. B. Pour plus de sûreté il est toujours bon de faire accepter les lettres de change par les personnes sur qui elles sont tirées.

Lettre d'avis de l'expédition de marchandises.

M. Elbeuf le 18 mai 1809.

J'ai l'honneur de vous prévenir que je vous ai expédié hier par voie de roulier, une balle en toile et cordée, marquée *L. G.* n°. 4, Orléans;

Dans laquelle sont contenues les marchandises qui sont désignés dans la facture ci-jointe.

Aussi-tôt que vous l'aurez reçue, vous voudrez bien m'en faire passer le réglement en vos deux billets à trois et quatre mois de terme, comme nous en sommes convenus.

J'ai l'honneur de vous saluer.

MERANDON.

Facture.

Doit M. LEGRAS, marchand de draps à Orléans, à MERANDON, fabricant à Elbeuf, les marchandises suivantes expédiées comme il est dit ci-dessus.

Une demi-pièce de drap superfin, bleu de roi, portant 13 aunes, à 50 fr. .... 650 fr.
Une id. de 12 aunes, vert-dragon, à 48 fr. 576
Une id. de 13 aunes, gris de fer, à 42 fr. 546
Une id. de 10 aunes, aile de mouche, à 40 fr. 400

TOTAL .... 2172 fr.

Lettre pour accuser la réception de marchandises.

M. Orléans, le 12 juin 1809.

La présente est pour vous accuser la réception de la balle que vous m'avez expédiée, contenant quatre demi-pièces de drap, montant ensemble à la somme de 2172 fr., comme il est désigné dans votre facture, jointe à votre lettre en date du 18 du mois dernier.

Vous trouverez ci-joint mes deux billets à trois et à quatre mois de terme pour solde, ainsi qu'il a été convenu.

J'ai l'honneur de vous saluer.

LEGRAS.

Lettrre à ses père et mère au renouvellement de l'année.

Mon cher père et ma chère mère.

L'époque du renouvellement de l'année me rappelle un devoir bien cher à mon cœur, celui de vous réitérer les sentimens d'affection, d'estime, d'amitié et de reconnoissance qu'un fils doit aux auteurs de ses jours. Dans tous les temps je remplis avec une pleine et entière satisfaction une tâche si agréable aux enfans tendres et respectueux; mais l'usage exige que, le premier jour de chaque année, ils renouvellent aux pieds de leurs parens les sentimens que la nature leur inspire. Recevez donc, mon cher père et ma chère mère, les souhaits que je fais pour votre prospérité et pour votre bonheur. Je lève chaque matin vers le ciel des mains suppliantes, pour le prier de conserver des jours si utiles et si chers. Si la Providence exauce mes vœux, vous vivrez long-temps heureux et tranquilles, aimés de vos enfans, chéris de vos voisins, estimés de tout le monde, et personne ne sera jaloux de votre félicité, parce que dans tous les temps, tous ceux qui vous entourent chercheront toujours à la maintenir aux dépens de leurs jours, et en faisant même le sacrifice de leur satisfaction et de leurs propres plaisirs.

C'est dans ces sentimens vraiment sincères que j'ai l'honneur d'être, avec l'affection la plus tendre,

Mon cher père et ma chère mere,

Le plus respectueux de vos enfans.

ABEL.

Lettre d'un fils à son père, pour le jour de sa fête.

Mon cher père,

C'est avec un bien grand plaisir que je vois arriver le jour de votre fête. Elle me fournit une nouvelle occasion de pouvoir vous écrire et de vous témoigner tous les sentimens tendres qu'un fils ressent pour un bon père. Vous rappelez par vos actions toutes les vertus qui ont honoré votre illustre patron ; vous êtes, comme lui, toujours prêt à rendre service à vos semblables, ami de la saine morale et des principes austères de la sagesse. Comme lui, vous êtes chéri de vos amis, respecté de vos voisins, recherché par tous ceux qui vous connoissent. Il est glorieux pour votre fils, en vous complimentant le jour de votre fête, de n'avoir qu'à vous féliciter de vos bonnes actions, et de retrouver en vous la fidèle image de ces hommes vertueux que la religion nous propose comme des modèles à suivre et des exemples à imiter. Puisse le Ciel me conserver long-temps une tête aussi chère, et répandre continuellement sur vous ses plus amples bénédictions.

C'est dans ces sentimens affectueux que j'ai l'honneur d'être,

Mon cher père,

Votre fils respectueux.

JOSEPH.

Lettre de reconnoissance pour un service rendu.

Comment pourrai-je vous exprimer la parfaite reconnoissance que j'ai pour toutes les bontés dont vous m'accablez tous les jours? Vous ne vous êtes pas contenté de me rendre un service lorsque je vous en ai prié ; vous m'avez prévenu dans mes demandes, et vous avez été au devant de tout ce que je pouvois souhaiter ; aujourd'hui même vous venez de me donner la marque la plus sensible de l'intérêt que vous me portez. Cependant, au milieu de mon bonheur, ma satisfaction n'est pas entière, parce que je vous dois trop, et que je me trouve dans l'impuissance de pouvoir rien faire qui puisse entrer en comparaison avec le moindre de vos bienfaits. Je me trouverois au comble de mes vœux, si je pouvois un jour vous prouver mieux que je ne puis aujourd'hui combien je suis sensible et reconnoissant de toutes vos marques d'attachement et de bienveillance.

Je suis avec une plaine reconnoissance,

Votre, etc.

Réponse.

Le plaisir de vous obliger est si grand pour moi, qu'il porte sa récompense avec lui, et je ne connois personne qui n'eût fait avec joie ce que j'ai fait. Vos remercîmens valent mieux que le petit service que je vous ai rendu : je m'estime heureux d'avoir pu vous obliger dans cette occasion. Je voudrois de tout mon cœur pouvoir vous prouver, par un service plus considérable, le plaisir que j'aurai toujours de vous être utile.

Remercîment pour une sortie de prison.

Le premier moment de ma liberté ne peut mieux être employé qu'à vous remercier très-humblement de me l'avoir procurée. Le zèle que vous avez mis dans vos sollicitations augmente encore le prix du bienfait. S'intéresser à la fortune d'un malheureux, seulement parce qu'il est opprimé ! c'est le comble de la générosité. Soyez persuadé que je n'oublierai rien pour me conserver l'avantage de votre protection ; et s'il me reste encore quelque chose á souhaiter, c'est d'avoir l'honneur de vous assurer moi-même de mon profond respect, et de la reconnoissance éternelle avec laquelle j'ai l'honneur d'être.

Votre très-humble, etc.

Lettre d'excuse d'une faute commise.

Si l'aveu de ma faute peut la faire oublier, j'ose espérer de votre bonté que vous me la pardonnerez. Il est vrai que j'ai manqué au respect que je vous devois. Vous savez que nos premiers mouvemens sont si précipités dans leur violence, qu'ils ne prennent loi que d'eux-mêmes au mépris de la raison ; ce qui doit vous faire considérer, dans la faute que j'ai commise, que la nature y a plus contribué que ma volonté. Si je n'ai pu l'éviter, je sais au moins m'en repentir. Je vous supplie d'effacer de votre mémoire le chagrin que je vous ai causé, de me rendre vos bonnes graces, et de croire que je ne vous ferai point repentir de votre indulgence.

J'ai l'honneur d'être, etc.

Billet d'un ami sur la perte d'un procès.

Je viens d'apprendre, avec une sensible douleur, la perte de votre procès. Ce coup

est

est rude, mais combien plus le seroit-il pour un autre ? Vous avez si peu d'attachement pour tous les biens de la vie, que vous ne sentirez, dans cette perte, que le chagrin de voir la justice mal administrée. Pour moi, quelque plaisir que j'aie de vous imiter dans votre détachement pour toutes choses, je ne puis m'empêcher de me récrier contre l'injustice de l'arrêt qui vous condamne. Quelque part que je prenne dans ce qui vous touche, il ne m'est pas permis de vous le témoigner, puisqu'on m'apprend que vous êtes aussi tranquille, que s'il ne vous étoit rien arrivé. Espérons que la Providence vous dédommagera de cette perte ; c'est ce que désire celui qui a l'honneur d'être, etc.

Réponse.

Je vous suis obligé de prendre si généreusement part à ce qui me touche ; vous adoucissez l'amertume de ma situation : je compte n'avoir rien perdu, puisque je possède toujours votre affection. Vous me donnez des louanges dont je suis confus. Faites naître, je vous prie, quelque occasion de vous marquer ma parfaite reconnoissance, et vous verrez que je suis véritablement,

Votre, etc.

Lettre de félicitation.

Votre promotion à la charge que vous souhaitiez il y a long-temps me rend si satisfait, que je ne saurois vous exprimer qu'une partie de la joie que j'en ressens. Vous devez croire que j'ai été bien sensible aux nouvelles du bonheur qui vous est arrivé. Cependant, comme votre mérite me l'a fait prévoir depuis long-temps, je n'ai pas été surpris au récit qu'on m'en a fait. Je vous en souhaite un plus grand encore, ne pouvant m'acquitter que par des vœux auprès de vous ; et dans l'impuissance où je me trouve, je vous prie de croire que je suis véritablement, Votre, etc.

Réponse.

Les nouvelles preuves que vous me donnez de votre amitié, en me félicitant sur ma bonne fortune, m'ont beaucoup plus satisfait qu'elle-même. Vous me touchez en un endroit si sensible, en mêlant mes intérêts avec les vôtres, que je ne perdrai jamais le souvenir de cette faveur. Je souhaite que l'occasion se présente de vous donner des preuves de mon amitié et de ma reconnoissance, Votre, etc.

Lettre de recommandation à un ami pour un autre.

Votre mérite et votre condition vous donnent un si grand crédit et vous rendent si nécessaire, que vos amis sont toujours en état de vous importuner. C'est ce que je fais aujourd'hui pour la personne porteur de la présente, vous suppliant de l'appuyer de votre crédit dans une affaire qui la touche et dont elle vous entretiendra. Je mettrai au nombre des obligations que je vous ai, celle qu'elle vous aura. Agréez, s'il vous plaît, le respectueux attachement avec lequel je suis,

Votre, etc.

A une dame, sur la mort de son époux.

S'il existe une douleur raisonnable au monde, c'est sans doute la vôtre. Vous venez de perdre un époux qui faisoit votre bonheur. J'avoue que la consolation n'entre pas volontiers dans le cœur d'une tendre épouse; votre douleur est encore trop vive pour pouvoir écouter sitôt la voix de la raison. Mais je vous conjure de ne pas vous abandonner au chagrin avec excès, et de vous souvenir que vous vous devez à vos amis et à vos enfans.

Puisque vos larmes ne peuvent vous rendre celui que vous regrettez, faites alors un généreux sacrifice au ciel. Recevez cette disgrace comme une faveur et une occasion qu'il vous présente de lui témoigner votre soumission. Ce sacrifice lui sera d'autant plus agréable, que la perte vous est plus sensible. Soyez persuadée que j'entre plus que personne dans votre peine, et que je partage tous vos regrets.

Votre, etc.

FIN.

TABLE

22...

Fin de la Table.

De l'imprimerie de P. N. ROUGERON, rue de l'Hirondelle, n.° 22.

NOTICE

De quelques Livres de fonds qui se trouvent chez le même Libraire.

Cours complet d'Education, à l'usage des deux sexes, par M. Wandelaincourt, 7 gros vol. in-12 ornés de 21 planches en taille-douce, représentant plus de 60 sujets. Prix, 21 fr. fig. en noir. Les mêmes, fig. coloriées, 24 fr. Ce cours contient les parties suivantes, qui se vendent aussi séparément.

Pour le premier Age.

1°. Grammaire Francaise, ou Méthode facile pour apprendre à écrire, à lire et à orthographier, in-12. Prix. 80 c.

2°. Guide des Enfans, ou Entretien d'un Enfant avec sa Mère, sur les moyens de vivre heureux et content, in-12. 80 c.

3°. Abrégé d'Histoire Naturelle, avec 4 Planch., représentant plus de vingt Animaux, in-12. 1 fr. 20 c.

4°. Histoire des Arts mécaniques, in-12. 80 c.

5°. Elémens d'Arithmétique ancienne et décimale, in-12. 1 fr. 20 c.

6°. Abrégé de l'Hist. de France, 1 fr. 20 c.

7°. Géographie, ou Entretiens d'une Mère avec son Enfant sur la Connoissance du Globe, in-12; 2e. *édition, revue et corrigée avec soin.* 1 fr. 50 c.

Pour le second Age.

1°. Grammaire, contenant les Principes de la Langue Française, démontrés d'une manière plus simple et plus méthodique qu'ils ne l'ont été dans les Grammaires qui ont paru jusqu'à ce jour, in-12. 2 fr. 25 c.

2°. La Logique, ou l'Art de bien diriger ses idées, in-12. 1 fr. 20 c.

3°. Exposition des principaux Phénomènes de la Nature, in-12. 2 fr. 25 c.

4°. Elémens de Mythologie, 1 vol. in-12 orné de 29 figures. 2 fr.

5°. Abrégé de l'Histoire générale, 2 gros vol. in-12. 5 fr. 50 c.

Principes de Littérature et de Belles-Lettres à l'usage de la Jeunesse, 1 fort vol. in-12. 2 fr. 50 c.

Cours de Latinité, par le même auteur.

1°. Méthode Latine, où l'on réduit à sept questions toutes les Règles nécessaires pour apprendre promptement les vrais Principes de cette Langue; *cinquième édition, la seule qui ait été revue et entièrement refondue par l'auteur*, 1 vol. in-12 relié en carton. 1 fr. 20 c.

2°. Particules Latines, pour servir de suite à la Méthode; 3e. *édition, la seule qui ait été revue et entièrement refondue par l'auteur*, in-12. 1 fr.

3°. Traduction Interlinéaire, et mot-àmot, des deux premiers Livres de l'Histoire Ancienne de Justin, in-12. 1 fr.

4°. Fables de Phèdre, avec la Construction du Latin et une Interprétation française littérale, in-12. 1 fr. 75 c.

Cours d'Education Religieuse, par le même.

1°. Entretiens d'une Mère avec son Enfant, sur les Devoirs de l'homme sociable et du Chrétien, 1 vol. in-12, 2.e éd. 1 fr. 50 c.

2°. L'Ami des Mœurs, de l'Etat et de la Religion, avec cette Epigraphe : *Point de vertu sans Religion, point de bonheur sans vertu*, 3 vol. in-12, 2.e éd. 6 fr.

BIBLIOTHÈQUE PORTATIVE, pour l'Instruction et l'Amusement de la Jeunesse des deux Sexes, trad. de l'Anglais, 10 vol. in-18 ornés de fig. 10 fr.

On vend séparément les Parties qui la composent, comme il suit :

1° Contes de Famille, ou les Soirées de ma Grand'Mère, traduites de l'Anglais par Louis, 2 vol. in-18 ornés d'une jolie gravure. Prix pour Paris, 2 fr.

2°. Contes de l'Hermitage, trad. de l'Anglais par Bizet, 2 vol. in-18 ornés d'une gravure. 2 fr.

3°. Contes du Château, ou la Famille émigrée, trad. de l'Anglais par Louis, 2 vol. in-18 ornés d'une jolie gravure. 2 fr.

4°. Contes de la Chaumière, traduits de l'Anglais par le même, 2 vol. in-18, avec une jolie gravure. 2 fr.

5°. Les Veillées de la Pension, traduites de l'Anglais par le même, 2 vol. in-18, avec une gravure. 2 fr.

Les Délassemens de l'Adolescence, Ouvrage propre à inspirer l'amour de la Vertu aux jeunes personnes des deux Sexes; avec cette épigraphe: *Et moi aussi, je veux qu'ils m'appellent leur ami*, 1 vol. in-18. 1 fr. 20 c.

Elémens de la Grammaire Française, par Lhomond; Ouvrage adopté par la Commission de l'Instruction Publique, pour les Lycées et les Ecoles Secondaires; nouvelle et jolie édition, 1 vol. in-12 relié en parchemin. 90 c.

Elémens de la Grammaire Latine, par le même auteur, également adoptée par la Commission de l'Instruction Publique, pour l'usage des Lycées, etc. 1 vol. in-12 relié en parchemin. 1 f. 20 c.

Manuel de la Bonne Compagnie, ou l'Ami de la Politesse, des Egards, du bon Ton et de la Bienséance, dédié à la Société Française et à la Jeunesse des deux Sexes, 1 vol. in-18 orné d'une jolie gravure, 2.e édit. revue, corrigée et augmentée. Prix pour Paris, 1 fr. 25 c.

Manuel des Jardiniers, ou Guide des Travaux à faire dans les Jardins pendant le cours de l'année; contenant la Culture, tant sur couches qu'en pleine terre, de tous les Légumes connus, celle des Arbres Fruitiers; la Manière de les tailler, conduire et greffer; celle des Arbrisseaux et des fleurs qui peuvent orner un parterre, et composer l'Orangerie d'un curieux; par un Amateur : Ouvrage indispensable aux Personnes qui cultivent ou qui veillent à la Culture de leurs Jardins, pour en bien diriger les Travaux, 1 vol. in-18 de 400 pages bien imprimé sur beau papier. 2 fr.

Manuel de la Cuisinière Bourgeoise, contenant :

1°. La manière de servir une Table avec goût et d'apprêter toutes sortes de Viandes, Poissons, Légumes et autres Alimens;

2°. Ce qui regarde la Pâtisserie et l'Office;

3°. Plusieurs Recettes pour faire des Confitures et Liqueurs; 1 vol. in-18 de 360 pages, bien imprimé sur beau papier. 1 fr. 75 c.

Manuel de Médecine et de Chirurgie domestique, contenant un choix des remèdes les plus simples et les plus efficaces pour la guérison de toutes les maladies internes qui affligent le corps humain; avec la manière de les administrer soi-même et le régime à observer dans les diverses incommodités qui surviennent dans le cours ordinaire de la vie, 1 vol. in-18 de 378 pag. 2 fr.

www.ingramcontent.com/pod-product-compliance
Lightning Source LLC
Chambersburg PA
CBHW070235200326
41518CB00010B/1568

* 9 7 8 2 0 1 2 1 7 6 0 2 7 *